中国船舶研发史

中国船舶及海洋工程设计研究院
上海市船舶与海洋工程学会
组编

中国
海洋油气开发装备
研发史

魏跃峰 单铁兵 张太佶

编著

RESEARCH HISTORY OF
CHINESE OFFSHORE OIL & GAS
DEVELOPMENT UNITS

上海交通大学出版社
SHANGHAI JIAO TONG UNIVERSITY PRESS

内容提要

本书是"中国船舶研发史"丛书之一,主要介绍了我国典型海洋油气开发装备的研发背景、设计过程、关键技术和社会效应,阐述了 70 多年来我国海洋油气开发装备从无到有、从近岸到远海、从浅水到深水、从完全依赖进口到自主研发的艰辛历程和取得的辉煌成绩,为从事海洋油气开发装备研发的科技工作者提供珍贵的历史资料,并激励读者秉承前辈的优良传统,锐意创新,为我国海洋油气开发装备的蓬勃发展做出更大贡献。

图书在版编目(CIP)数据

中国海洋油气开发装备研发史 / 魏跃峰,单铁兵,
张太佶编著. —上海:上海交通大学出版社,2022.7
(中国船舶研发史)
ISBN 978 - 7 - 313 - 25869 - 4

Ⅰ.①中⋯ Ⅱ.①魏⋯ ②单⋯ ③张⋯ Ⅲ.①海上油
气田-油气田开发-装备-研制-技术史-中国 Ⅳ.
①TE5 - 092

中国版本图书馆 CIP 数据核字(2022)第 047250 号

中国海洋油气开发装备研发史
ZHONGGUO HAIYANG YOUQI KAIFA ZHUANGBEI YANFASHI

编　　著:魏跃峰　单铁兵　张太佶
出版发行:上海交通大学出版社　　　　　地　　址:上海市番禺路 951 号
邮政编码:200030　　　　　　　　　　　电　　话:021 - 64071208
印　　制:上海万卷印刷股份有限公司　　经　　销:全国新华书店
开　　本:710 mm×1000 mm　1/16　　　印　　张:17.25
字　　数:239 千字
版　　次:2022 年 7 月第 1 版　　　　　　印　　次:2022 年 7 月第 1 次印刷
书　　号:ISBN 978 - 7 - 313 - 25869 - 4
定　　价:78.00 元

序

　　"中国船舶研发史"丛书是对中国船舶,主要是民船、工程船和海洋开发装备研发史的一次归纳和梳理,是一套展现新中国成立以来民船、工程船、海洋开发装备研发所走过的历程和取得的辉煌成就的丛书。

　　我国是最早发明舟舢舫舸的造船古国。早在唐朝,中国的造船技术就已经有了长足的发展,出现了水密隔舱、平衡舵、开孔舵等先进技术。在船型方面,宋、元朝时期,中国已有海船的船型,其中以江南沿海一带的福船、沙船、广船最为著名,被认为是中国古代的三大船型。至明朝郑和下西洋,以 14 个月时间建造 64 艘大船显示了中国古代在船舶研发和建造中的卓越成就。到了近代,众所周知,中国的造船业虽然也曾仿效西方,甚至造出了铁甲船和万吨船,但终究不能摆脱衰落的命运,开始落后于西方强国,以至于在列强的坚船利炮下,丧失国家尊严,蒙受民族耻辱。真正使中国造船工业出现复兴生机,是新中国诞生之后。1949 年 5 月上海刚解放,上海市军事管制委员会筹建了华东区船舶建造委员会。1949 年 9 月统管全国船舶工业的中央人民政府重工业部船舶工业局宣告成立。统筹全国船舶工业发展,聚集造船人才,同时扩、改、新建造船厂,调整和新建全国船舶专业院校,研究设计和建造两翼齐飞,唤醒了沉睡了近 500 年的古老造船强国!本丛书从新中国诞生这一时刻开始,特别是改革开放以来,以油船、液化气船、工程船、科考船等 10 种民船船型为主题,阐述了新中国的船舶研发历程,并从这一侧面展示新中国"造船人"艰苦奋斗、砥砺前行、锐意创新、攀登高峰,重现造船强国的史实。

　　70 年中国船舶研究发展过程,各型船舶发展尽管不尽相同,但大致可分为三个阶段:

　　第一阶段,夯实基础稳步发展(1949—1977 年)。这一阶段,国家把交通运输业作为优先发展的基础,为船舶工业发展提供了广阔的空间。新中国成立之初,我国贫穷落后,百业待兴,尽管如此,国家仍将发展造船工业放在十分重要的地位,经过新中国成立初期的整合发展,到1965年船舶科研机构已整体成制,仅中国船舶工业总公司第七研究院(中国舰船研究院)就有十几个包括总体设计和专项设备的研究所,研究的领域涵盖舰船设计涉及的所有方面。扩建新建中央及地方大、中型造船厂,增添设备,改进工艺,为尽快恢复发展水上交通运输,适应国民经济建设发展所急需的多型民用船舶,力争不买或少买船,设计并建造了中型沿海油船、客货船、长江豪华客船、航道疏浚船、港口起重工程船、科学调查船"实践"号、自升式钻井平台"渤海1"号和气垫船等追踪当时世界船舶航运界发展动向的船舶。自主设计建造了新中国十大名船之首的万吨级远洋货船"东风"号,结束了我国不能设计建造万吨货船的历史,开创了我国造船史的新纪元。

第二阶段,改革开放快速发展(1978—2010年)。1978年以前,由于西方工业强国对我国实行技术封锁政策,我国船舶科技极少对外交流,信息不通致使发展受限,各类大型运输船舶、疏浚装备、海洋开发船舶多依赖进口。1978年后,在"改革开放"春风的沐浴下,中国的船舶工业如同骏马,奔驰向前。1982年设计建造的27 000吨散货船"长城"号,是第一艘按照国际公约、规则和国外船级社规范设计和建造的出口船。从那时起,我国各类工程船、海洋开发装备等设计和建造开始融入世界船舶科技发展行列。研究设计技术经过引进、消化、创新,不断跨越发展。各大船厂的造船能力大幅度提升。至20世纪末,我国已大步迈向世界第一造船大国,不但结束了主要依靠进口船舶的历史,而且大量、多品种船舶出口许多国家。这一时期,各种船型均有相当规模的发展:

集装箱船从无到有,从出口700 TEU全集装箱船到4 700吨多用途集装箱船;设计和建造了5万吨大舱口多用途散装货船、15万吨双壳体苏伊士型原油船、半冷半压式16 500立方米液化石油气(liquefied petroleum gas, LPG)船、布缆船、中型挖泥船、海峡火车渡船等;科考船已进军南极;为适应海洋油气开发,我国形成了从物探船,自升式、半潜式、坐底式钻井平台和半潜式生产平台到浮式生产储油船的全产业链的设计和建造能力。

第三阶段,自主创新跨越发展(2011年—至今),新世纪尤其是党的十八大以来,以习近平同志为核心的党中央,站在实现中华民族伟大复兴的战略高度,准确把握时代发展大势,作出了建设海洋强国的重大战略决策,指引着船舶工业砥砺前行。

这一时期的中国造船速度在世界造船史上是罕见的。在这迅猛发展的过程中,我国造船工业攻克了多项关键技术,研发和建造能力大幅提升。一批世界级高精尖的船型在中国诞生。科考装备实现了跨越式发展:3 000米深水半潜式钻井平台"海洋石油981"号进驻南海正式开钻,标志着我国海洋石油工业深水战略迈出实质性的步伐;亚洲首艘12缆地球物理勘探船"海洋石油720"号、全球首艘3 000米深水工程勘探船"海洋石油708"号交付使用,标志着我国深水作业"联合舰队"逐步成形;我国自行设计、自主集成研制的"蛟龙"号载人潜水器在马里亚纳海沟创造了下潜7 062米的中国载人深潜世界纪录,使我国成为世界第五个掌握大深度载人深潜技术的国家;2019年7月,我国第一艘自主建造的极地科学考察破冰船"雪龙2"号顺利交付。相比"雪龙"号,"身宽体胖"的"雪龙2"号的破冰能力和科考能力更强,标志着我国南北极考察基地的现场保障和支撑能力取得了新突破。

70年的船舶研发史,是我国船舶工业由弱到强不断发展壮大的历史,展现了中国特色社会主义制度的优势。

70年的船舶研发史,是我国船舶研发水平和造船能力不断提高、不断创新的历史,是我国在船舶研发领域由跟跑者向并跑者乃至领跑者转变的进步史。

70年的船舶研发史,是我国广大船舶研发、建造人员不畏困难、积极开拓、勇于攀登、勇于奉献的真实见证,是我国船舶创业人员不忘初心、牢记使命,追梦深造的奋斗史。

科技是国家强盛之基,创新是民族进步之魂。正如习近平总书记在2021年5月28日召开的两院院士大会和中国科学技术协会第十次全国代表大会上指出:"当今世界百年未有之大变局加速演进,国际环境错综复杂,世界经济陷入低迷期,全球产业链供应链面临重塑,不稳定性不确定性明显增加。""科技创新成为国际战略博弈的主要战场,围绕科技制高点的竞争空前激烈。"在此背景下,船舶工业无疑面临着新的发展机遇和挑战。回顾历史既是为了总结经验激励前往,更是为了创造未来。如今全面建设社会主义现代化强国迈入新征程,向第二个百年奋斗目标进军的号角已经吹响。让我们以史为鉴,勇于创新、顽强拼搏,为把我国建成海洋强国、实现中华民族伟大复兴的中国梦不断作出新的更大的贡献!

中国工程院院士

前　言

随着社会的发展和科技的进步,经济持续增长,人类对能源的需求不断增长。由于陆上油气资源日趋枯竭,油气开发逐渐由陆上过渡到海洋,并由近海发展到远海,由浅海发展到深海。海洋油气特别是深海油气,将是未来世界油气资源重点开发的领域,海洋油气产业作为世界经济助推器的作用将日益明显。

19 世纪末,美国在加利福尼亚距海岸 200 多米处采用木质栈桥连陆的方式,成功打出了第一口海上油井,拉开了海洋油气开发的序幕。由于当时技术落后,海洋油气开发起步蹒跚,发展较慢。二战①以后,各国经济开始全面复苏,对能源的需求也进一步扩大,海洋油气开发快速发展。1947 年,美国布朗·路特公司设计、建造和安装了第一座海上石油平台,开创了海洋油气开发的新篇章。此后,海洋油气开发迅速发展。目前,全球共有在生产油气田约3 000 个,其中约 300 个分布于深水区。

中国海洋油气勘探开发起步较晚,经历了从无到有、从小到大、从弱到强的跨越式发展。1960 年 4 月,中国在莺歌海开钻了海上第一井——"英冲一井"。1960 年 7 月,从该井中采出了 150 千克低硫、低硝的原油,这是中国人第一次在海上开采出原油。改革开放后,我国坚持对外合作和自营勘探开发相结合、勘探和开发并进、油气并举的原则,使我国海洋油气开发事业取得了显著的成效。2010 年,中国海洋石油年产突破 5 000 万吨,建成"海上大庆"。新时代,党和国家作出了建设海洋强国的重大部署,"要进一步关心海洋、认识海洋、经略海洋,推动我国海洋强国建设不断取得新成就"。我国海洋油气资源勘探开发

---

① 第二次世界大战。

1

能力和大型海洋装备建造水平均有了长足的进步。

　　海洋油气资源的开发离不开海洋油气装备。本书旨在向船舶与海洋工程专业在校学生以及从事海洋油气装备研发和设计人员介绍海洋油气装备的相关知识、开发历程及取得的成绩。本书共 9 章：第一章概述海洋油气开发的模式、特点和所需装备；第二章至第八章描述各类海洋油气开发装备的结构形式、总体性能、功能特点、发展历程等；第九章展望海洋油气开发装备的未来发展。限于作者的经验和水平，书中难免不妥之处，恳请读者批评指正！

目　录

第一章
概　述

第一节　海洋油气资源现状

地球表面被各大陆地分隔为彼此相通的广大水域称为海洋,总面积约为 3.6 亿平方千米,约占地球表面积的 70.8%,平均水深约 3 795 米。在海洋中蕴含着丰富的海洋矿产资源、海水化学资源、海洋生物资源和海洋油气资源等,这些资源都与现代产业和人类日常生活密不可分。

以海洋油气资源为例,全球油气最终可采资源量为 4 138 亿吨,其中:陆地石油储量 2 788 亿吨,已探明储量约占 75%;海洋石油资源量约 1 350 亿吨,已探明储量约占 28%。全球天然气最终可采资源量为 436 万亿立方米,其中:陆地储量 296 万亿立方米,已探明储量约占 58%;海洋天然气资源量约 140 万亿立方米,已探明储量约占 29%。

陆地石油勘探开发的历史迄今已超过 130 年,陆地油气资源经过多年的开采,即将进入衰退期。根据 Energyfiles 测算,目前陆地石油供应量约为 52 000 千桶[①]/日,在 2016 年前后达峰值 60 000 千桶/日,并在 2020 年后开始缓慢下降。随着陆上新增油田的逐渐减少,陆地天然气供应量也将在 2025 年

---

① 桶为容量单位,1 桶=0.159 立方米。

前后达峰值。随着陆地主要油气田勘探开发进入晚期,陆地油气供应量将逐渐趋于平稳。

海洋油气勘探最早始于 1887 年,在美国加利福尼亚的圣巴巴拉地区靠近海边的萨马兰得油田开发过程中,人们不断向海下追踪和开发油田,用木桩做基础建立了第一个海上钻井平台,从此开创了海洋石油工程和石油开发的历史。与陆地油气勘探逐步进入衰退期形成对照,海洋油气勘探近年来开始快速发展。目前,海上油气勘探开发形成"三湾、两海、两湖"的格局。"三湾"即波斯湾、墨西哥湾和几内亚湾;"两海"即欧洲北海和我国南海;"两湖"即里海和马拉开波湖。其中,波斯湾的沙特、卡塔尔和阿联酋,里海沿岸的哈萨克斯坦、阿塞拜疆和伊朗,北海沿岸的英国和挪威,还有美国、墨西哥、委内瑞拉、尼日利亚等,都是世界上重要的海上石油生产国。

我国是个海洋大国,海岸线长度为 1.8 万千米,居世界第四位;大陆架面积位居世界第五位;专属经济区面积为 200 海里[①],居世界第十位;海洋国土由黄海、渤海、东海和南海组成,水域面积约 470 万平方千米。

南黄海油气盆地,面积约为 10 万平方米,是中、新生代沉积盆地,以新生代沉积为主。据初步调查勘探,这个盆地石油地质储量为 2 亿~3 亿吨。渤海油气盆地,面积约 8 万平方米,是辽河油田、大港油田和胜利油田向渤海的延伸,也是华北盆地新生代沉积中心,沉积厚度超过 10 000 米。该海域是我国油气资源比较丰富的海域之一。目前,在辽东湾发现了石油地质储量达 2 亿吨的绥中 36-1 油田、锦州 20-2 凝析油气田和锦州 9-3 等油气田;在渤海中部发现了渤中 28-1 油田和渤中 34-2/4 油田。据中国石油天然气集团有限公司最近宣布,在渤海湾滩海地区冀东南堡油田共发现 4 个含油构造区,基本落实三级油气地质储量(当量)10.2 亿吨。

东海油气盆地,面积约为 46 万平方米,是我国近海已发现的沉积盆地中面

① 海里为长度单位,1 海里=1.852 千米。

积最大、远景最好的盆地，主要包括天外天油气田、春晓油气田、断桥油气田、残雪油气田、平湖油气田等，该区的油气储量为 40 亿～60 亿吨。

南海属于热带深海，油气资源潜力大，对我国能源安全具有重要的战略意义。据海南省政协提案提供的数据，到目前为止，南海勘探的海域面积仅为 16 万平方千米，而发现的石油储量有 55.2 亿吨，天然气储量有 12 万亿立方米。初步估计，整个南海的石油地质储量为 230 亿～300 亿吨，约占中国总油气储量的 1/3，属于世界海洋油气主要聚集中心之一，有"第二波斯湾"之称。据估计南海油气的远景储量将超过 500 亿吨。

南海油气开发尚处于起步阶段，实际储量尚未探明，大部分的油气藏又位于离大陆较远的南海南部，这些因素都对勘探技术提出了很高的要求。南海周边局势复杂，政治考量也会成为油气勘探开发的重要影响因素。

第二节 海洋油气开发起源和发展

长期以来，人类对油气资源的开发只局限于陆地，所研发的开采技术也是针对陆地的特点来开展的。虽然在近海的油田开发中常常遇到有些油、气田横跨在海陆交界处，但是，采用什么手段才能将埋藏在靠近岸边的近海油、气资源开采出来，就成为当时人们所关注和希望解决的问题。在当时还没有海上钻井装置的情况下，最简单的办法就是从紧靠海边的海岸倾斜钻井，把钻井机械安置在岸边，利用井身的倾斜，使采油管延伸到海底的油层里，这是最早开发海底油、气资源的模式。在内陆湖泊的周边，也曾使用过相同的手段。但是斜井从岸边陆地延伸到海中的水平距离不可能太长，一般只有几百米。要想将远离岸边的海底油气资源开采出来，最好的办法是在应用陆地上成熟的钻井技术的基础上，设法在海上建造一个从海底延伸到水面的稳固平台，可以将陆地上常用的钻井设备设置在其上。

用什么办法才能在海上建造稳固的平台？有人采取在海滩上围海造地的办法，先在海滩上筑堤，围出一片水域，再向堤内填土，造成一块人工陆地，在此设置钻井设备。但围海造地的办法也只能用于岸边、浅滩。当所发现的油气藏在离岸更远的浅海海区时，又有人采用建土堤的办法。即在油气藏位置填成一块人工陆地，在该人工陆地与岸之间堆填出用于交通运输的土堤道路。该方法对于油气藏在坡度较缓、离岸较近的浅海海滩上比较合适。随着离岸距离和水深的增加，筑堤的土方量和投资随之急剧增长，利用土堤道路将人工陆地与岸边连接起来的办法不再可行。人们又想到去掉土堤，只剩下孤立在海中的人工陆地——人工岛。它比土堤法更适用离岸更远的距离，但钻井设备等的运输要靠船舶。

以上种种办法，都是依靠堆填手段来实现，这种堆填的方法随着水深的增加、投资费用急剧增长而变得越来越不可行。应对这些技术障碍，修栈桥为当时的近海油气开发另一种可供选择的手段。19 世纪末期，出现了以栈桥作为连接井位与海岸之间的运输通道，井位上方以木质结构搭建平台来承载钻井设备的近海油气田开采方法。在海上油气田的早期开发活动中，这种办法曾被大量采用。受当时的技术条件所限，栈桥也只能采用木质方式建造。由于木质强度有限，钻井设备的重量又很大，当时的木质栈桥只能采用密集的木桩构架。很显然，这种木质栈桥在其耐久性以及抵抗风暴、强浪等恶劣气候条件方面难以满足外海钻井作业要求。要在离岸更远、水更深的海域进行勘探开采作业，建造栈桥成为其中难以逾越的一个难题。为摆脱这一障碍，以便能成功地进行海上油气开采，又出现了一种与岸边没有栈桥相连，独立在海中的群桩式的水上钻井平台——海上固定平台。这一结构形式的出现，为人类摆脱岸边和浅滩的限制，向远海和深海开发油气资源迈出了具有深远意义的重要一步。不过，早期的海上固定平台也是木质结构。由于木材长度、强度和防腐方面的缺陷，木制的群桩式结构难以适应在较大水深、作业寿命较长或海洋环境条件比较恶劣的海域进行油气开发作业要求，木质结构的海洋平台逐步被在海上现场打桩的钢质群桩式平台代替。之后又出现了大部分建造工作可以在陆地建造场地完成，然后在海上现场安装的导管架平台。在此基础上，陆续出现了满足不同海洋环境条件和钻井作业要求的移动式平台。

1896年美国以栈桥连接方式在加利福尼亚距海岸200多米处打出了第一口海上油井，它标志着海洋石油工业的诞生。在1909—1910年间，在路易斯安那州的湖泊地区，有人利用柏树干打桩并在其上构筑木质的钻井平台。从1920年开始，石油公司在委内瑞拉的马拉开波湖上以木桩搭建木质钻井平台，开采埋藏在湖底的油气资源。20世纪30年代，在路易斯安那州海边的沼泽地区，人们采用木质结构建造钻井平台，并将其技术自然延伸到墨西哥湾的沿岸浅海地区。1937年，第一座木质离岸的钻井平台在墨西哥湾竖立。这一时期的水上钻井平台都是木制的，其水下基础及平台多以柏木制成。

世界上第一座用于海上油气田勘探和开采的钢质平台于1946年由Kerr-McGee石油公司在墨西哥湾距岸边20英尺[①]左右水深的海区建立。这座平台的所有打桩、安装等建造作业都是在海上进行的。这一时间点也往往被业界认为是海上油气工业开展的起始时间。一年之后，第一座导管架平台出现。

导管架平台的建造，全部在陆上预制完成，运至海上采油处再定位、安装、合拢。将平台与海底固定的钢桩沿导管架结构中的导管打入海底，在桩与导管之间的环形空隙里注入水泥浆，最后将导管架与海底固定。由于导管架平台具有将大部分建造工作在陆地上预制完成，只需在海上现场安装的特点，大大地减少了海上的工作量，提高了工作效率，并降低了作业成本。在此后的时间里，导管架平台成为海上尤其是浅海地区油气资源开采最主要的平台结构形式。在海洋油、气开发的历史上，导管架平台在很长一段时期内作为唯一的一种海上油气勘探、开采装置，无论是钻生产井还是钻探井都使用这种固定式平台。所谓钻探井就是指在勘探阶段为确定油气藏是否存在和圈定油气藏边界，并对

---

　　① 英尺为长度单位，1英尺＝0.348米。

油气藏进行工程可行性评价而钻的井。显然,钻探井不可能每次都成功。事实上,许多钻探井钻探完成后既没发现有油,也没发现有气。但是,作为固定式的平台,它已经与海底固定连接在一起,所以一旦遇到这种钻探井失败的情形,整个导管架的钢材将无法回收。为了解决这个问题,曾经采取过以下两种办法:

(1) 切桩法。切桩法是遇到钻探井失败或导管架平台需要撤离时,在海底齐泥面处把所有导管以及导管中的钢桩一起切断,把泥面以上的导管架结构移到新井位继续使用,把泥面以下的钢桩则废弃在海底。因为切割后的导管内还留存着原来的钢桩,所以在再次固定平台时,所用的新钢桩只能从原钢桩的空心中打入,新的桩径自然要比上一次细,因此导管架用不了几次就不能再用了。

(2) 拔桩法。拔桩法是在平台安装时,当钢桩沿导管打入海底后,在导管内径与钢桩外径之间的环形空间里灌注可再熔化固结物将桩和导管固结起来,使导管架固结在海底;当需要导管架撤离时,设法使这种固结物熔化后,把钢桩从导管内拔出,然后把导管架移到新井位再次安装和使用。

拔桩法技术似乎可以解决钻探井失败后导管架钢材的回收问题,但由于这种技术并不是一种成熟技术,目前并没有研发出一种使其固结强度和耐久性能够满足导管架平台长期抵御恶劣海况,而导管架需要撤离时又能很方便再熔化的固结物。拔桩法技术并没有在海洋勘探作业中得到实际的应用。因此,固定平台不适宜作为钻探井的作业平台。显而易见,作为钻探井的平台应该具有可迁移性,能够适应在不同海域、不同水深和不同方位的多次钻探作业,从而实现使用一种钻井装置来钻不同类型、不同海区和不同特点钻探井的目的。为满足这些要求,从20世纪30年代开始,业界陆续研发了不同类型的移动式钻井装置,以降低钻探井失败的勘探投资风险。

早期的移动式钻井装置——“驳船式钻井平台”(也称为“坐底式钻井驳船”)于1932年出现在美国的路易斯安那州,这种移动式钻井装置是把钻井设备安装在驳船上,打井时通过注水等增加压载的方式将驳船下沉坐落在海底,打完井后减轻驳船的压载使其浮起再移到另一个井位。由于驳船型深小,可以适用的水深范围不大,而且由于船侧面积较大,作业时承受的波浪和海流载荷很大。驳船式钻井平台只能在浅海海洋环境条件温和的海域中作业。由于在相同的环境与作业要求条件下,驳船式钻井平台的经济、技术指标都无法与其后出现的其他类型的移动式钻井装置相抗衡,所以现在驳船式钻井平台这一移动式钻井装置已很少采用。

随着勘探水深的增加,驳船式钻井平台已经难以满足使用要求。因此在驳船式钻井平台的基础上,发展出了一种称为"坐底式钻井平台"的钻井装置。坐底式钻井平台实际上是将放置钻井装置的上甲板结构体(上平台)与驳船主船体(沉垫)分离,分离的两部分之间以立柱支撑连接而构成。坐底式钻井平台将钻井装置安装在水面以上的平台甲板上,下部是沉垫,钻井作业时通过对沉垫注水增加压载,将平台沉到海底;移位时减轻压载,平台浮到海面上进行拖航、移位作业。坐底式钻井平台也称为沉浮式钻井平台。由于波浪、海流可以穿过坐底式钻井平台的立柱支撑结构,所以坐底式钻井平台所受的海洋环境载荷比驳船式钻井平台要小得多,作业水深也增加了很多,这为海洋油气勘探向外海迈进一步提供了有利的条件。第一座坐底式钻井平台为1949年开始在墨西哥湾进行钻井作业的"环球40号"。工作水深为3~30米。显然,从拖航稳性和平台结构等方面考虑,坐底式钻井平台的立柱支撑结构不可能设计得太高,因而这类平台多用于水深小于20米的近海海域或封闭海域。虽然坐底式钻井平台是出现时间较早的一类移动式钻井平台,而且存在着对海底地基要求高、适应水深能力差等缺陷,但是,由于它具备了在浅海、滩涂的作业能力,这种类型的平台仍然有其特定的应用空间。在我国渤海的浅海和在海陆过渡地带的海域油气资源勘探中,坐底式钻井平台发挥着其他类型的移动式钻井装置所不具备的作用。

由于坐底式钻井平台高度是固定的,故其对工作水深适应范围变化不大。为了适应在更大的水深范围内钻井,在坐底式钻井平台设计概念的基础上又发展了"自升式钻井平台"。自升式钻井平台实际上是将原来坐底式钻井平台的固定立柱支撑改为上平台可以根据作业水深的不同沿着其上下移动的"桩腿",将坐底式钻井平台中的沉垫变为独立腿式自升式钻井平台中的"桩靴"或沉垫式自升式钻井平台中的"沉垫"。1954 年,世界上第一座自升式钻井平台出现了。它是一座具有 10 条桩腿的平台。该平台对利用桩腿来升降平台甲板高度的技术进行了有益的尝试。但是该平台的结构形式与现代自升式钻井平台有较大的差异。1956 年由 Le Tourneau 技术公司设计的自升式钻井平台"天蝎号"则通常被认为是具有现代意义上的第一座自升式钻井平台,该平台采用的是现在常见的三桩腿的独立腿型自升式钻井平台。现代的自升式钻井平台的作业水深一般为 5~90 米,最大工作水深可达 168 米。

自升式钻井平台的优点主要是定位能力强、作业稳定性好、能适应大陆架各种不同的海况和不同的海底地质条件。其缺点是桩腿长度有限,使它的工作水深受到限制,大部分自升式钻井平台的工作水深在 120 米以内。超过一定水深,桩腿重量增加很快,同时拖航时桩腿放置过高,对平台拖航和漂浮稳性以及桩腿的强度都产生不利的影响;支承于海底作业时,水深越大,桩腿就越长,在恶劣海况下则有可能由于其着底稳性的不足,而构成平台倾覆的危险。这类平台主要用于在大陆架进行海洋油气资源勘探。目前世界上共有现役自升式钻井平台 600 余座,占移动式钻井平台总量 60%~70%;其中作业水深大于 120 米的有 20 多座。随着海洋油气田开发的重点向深水推移,最大作业水深超过 100 米的深水自升式钻井平台也已经逐渐成为新建造的自升式钻井平台的主要类型。

为突破自升式钻井平台作业水深的限制,石油公司将坐底式钻井平台的概念做了延伸:将坐底式钻井平台中数量众多的小直径立柱支撑改为数量较少的大直径立柱;将坐底式钻井平台的沉垫改为有利于在拖航或系泊作业时减少阻力的鱼雷型(或船身型)下体;同时为这类平台配置了锚泊定位系统,由此而延伸出来的平台称为"半潜式钻井平台",又称立柱稳定式钻井平台。半潜式钻井平台的平台本体上设有钻井机械设备、器材和生活舱等。平台本体高出水面一定高度,以避免波浪的冲击。下体为整个平台提供支撑其重量的浮力,沉没于水下以减少波浪、海流的扰动力。平台本体与下体都远离波浪力效应最大的海面,平台本体与下体之间的立柱具有小水线剖面,这样就使得半潜式钻井平台在波浪场中的动力响应减小,有利于其在恶劣海况下作业。立柱与立柱之间、立柱与中心线的距离都设计得比较大,这样可以保证平台的漂浮稳性。半潜式平台最大的优点是在波浪、海流中的运动响应小、钻井作业稳定性好、移动灵活、适应性强、能够在不同水深的海域工作;其缺点是造价高、不能自航或自航速度低。

1962 年出现了第一座半潜式钻井平台——壳牌石油公司的"蓝水 1 号"。这座平台一经在美国加州使用就显示出良好的抵御恶劣环境载荷的能力,它可在较深的水域钻井,也可坐底作业。在现代科学技术进步的推动下,在海洋油气资源开发的重点逐步向深海推进的背景下,半潜式钻井平台的钻探能力与作业功能有了巨大的提升。半潜式钻井平台已经从第一代发展到了第六代,第七代也在研发设计中,最大作业水深也由原来的 100 多米发展到第六代超过 3 000 米,钻井深度已经超过 12 000 米。

20 世纪 50 年代,为了在更深的海域钻井,有人把钻井设备安装在船上,在船舶漂浮状态下钻井。这就产生了另外一种类型的移动式钻井平台——钻井船。早期的钻井船靠锚泊系统来定位。1957 年第一艘钻井船"Guss 1"号在美国投入使用,它用于墨西哥湾 122 米水深钻探作业。该船总吨位 3 000 吨,用 6 台锚机和 6 根钢缆把船系于系泊浮筒上进行钻井作业。由于是漂浮在海面上作业,这艘船抗风浪能力不佳,稳定性差,停工率高。但是,该船的使用,为人们将钻井机械装载在机动船或驳船上、以系泊漂浮状态开展钻井作业进行了有益的尝试。

为了提高钻井船的定位能力,工程技术人员此后又相继设计了双体、中央转盘锚泊式、舷外浮体式等形式的钻井船,通过这些设计力图改善钻井船在风浪中的稳定能力。但是这些措施都只能在某种程度上提升钻井船的稳定能力，它们无法从根本上解决钻井船在环境条件比较恶劣的深海海域钻井作业时钻井船持久稳定定位的问题。20世纪60年代后期开始有人在钻井船上使用锚泊定位系统＋动力定位系统的定位方式，动力定位系统在钻井船上的应用，比较好地解决了钻井船在恶劣海洋环境条件下长时间的稳定定位问题。经过几十年的发展，目前动力定位系统的技术已经日趋成熟，动力定位系统的应用保证了钻井船无论是在浅水还是深水都可以保持良好的稳定状态，从而也保证了钻井船在不同海况下都能从事正常的钻井作业。目前，世界上新建造的钻井船主要采用锚泊定位系统和动力定位系统作为其海上作业的定位手段。一般来说，工作水深在1 200米以内的钻井船基本上采用锚泊定位系统；而工作水深在1 500米以上的钻井船则主要采用动力定位系统。

钻井船的主要优点是：它航行时所受阻力较其他型式的浮式钻井装置（移位状态的坐底式钻井平台、自升式钻井平台和半潜式钻井平台等）小，航行速度快，有利于快速移位；对可变载荷的变化没有半潜式平台敏感、载重量的变化不会引起浮态大幅变化等。同时，它的排水量和船内空间大，能装载较多的钻井机械设备和作业器材，可以比半潜式钻井平台装载更多的作业工具和物资。此外，在深海作业时，钻井船还具备了一个半潜式钻井平台所没有的优势：钻井船船体本身还可以提供很大容量的储油能力。这些特点让钻井船在深海作业时可以大大地减少对海洋工程辅助船舶的依赖。与第六代半潜式钻井平台一样，部分深海作业的钻井船也开始采用双联井架主辅井口钻井作业方式。钻井船的主要缺点是：甲板使用面积相对较小，对风浪等海洋环境因素的动态响应比较敏感，整体稳性差，在恶劣环境条件下停工率高，结构设计与操作不当容易引起事故等。

移动式钻井平台出现至今已有80年的历史。世界经济发展对能源需求的增加推动了海洋油气资源开发活动向更深的水域和更恶劣海洋环境的海域扩展,借助于其他领域科学技术的发展,演变出了风格各异、结构形式不同的各种类型的移动式钻井平台。与80年前相比,海上钻井技术和钻井方式发生了巨大的变化:移动式钻井平台的作业水深从原来的几米发展到目前的3 000多米;平台的结构形式也由最初的驳船式钻井平台发展到今天可以根据不同的作业环境分别采用不同形式的着底型移动式钻井平台(坐底式钻井平台、自升式钻井平台)或浮动型移动式钻井平台(半潜式钻井平台、钻井船);浮动型移动式平台的定位方式也可以根据作业水深的差异采用悬链线锚泊定位系统、锚泊定位系统＋动力定位系统相结合的定位模式或者单纯的动力定位系统等模式。

综上可知,不同类型的海洋油气开发装备按其出现的时间顺序存在着一种传承、演化与改进关系。每一种类型的移动式钻井平台都是在新的工作环境条件和新的作业需求背景驱动下,在已有的海洋油气开发装备技术的基础上,借助于当时的科学技术进步的大环境,吸收之前装备的技术优势并加以改进使之适应于新的工作环境条件、满足新的作业需求而诞生的。每一种类型的钻井平台都具有它们各自鲜明的技术经济特点、特定的工作对象和作业功能。同时,不同类型的钻井平台也存在其固有的技术或经济因素的缺陷。设计人员需要根据具体油田的水深、环境条件、技术、经济条件等因素综合考虑哪种类型的钻井平台适合目标油田的开发。

第三节　海洋油气开发阶段和特点

一、海洋油气开发阶段

海洋油气资源的开发是一项综合的系统工程,需要多种装备分阶段有序完成。海洋油气资源开发通常分为四个阶段,即地球物理勘探阶段、钻探勘探阶段、开发和工程建设阶段以及生产、储存、运输阶段等。

1. 地球物理勘探阶段

地球物理勘探是采用地球物理勘探方法（如地震勘探、电磁勘探、重力勘探等）分析海底地下岩层构造与岩性，从而寻找海底油气构造，为钻探提供依据。目前海洋物探使用最广泛的方法是采用气枪激发地震波的地震勘探法，主要的设备器具是制造声波的气枪和收集信号的电缆，这些设备器具需布置在专用的船舶上。从事海洋地球物理勘探作业的船舶称为海洋地球物理勘探船，简称"物探船"。

物探船是一种利用地震成像技术实现对海底地质结构进行勘探的专用调查船，主要用于海洋地球物理勘探。海洋地球物理勘探对于仪器装备和工作方法都有特殊要求，物探船除装有特制的船舷重力仪、海洋核子旋进磁力仪、海洋地震检波器等仪器外，还装有各种无线电导航、卫星导航、定位等设备。物探船作为勘探领域的关键装备，可独立完成大面积海域的地质勘探，具备高效的信息采集能力。物探船采集的数据通过图解的方法能够较为详细地描述海底地质结构，相关数据分析结果将作为勘探公司评估海底潜在油气矿藏开采可行性和经济性的重要依据。物探船按照采集方式分为二维物探船和三维物探船。二维物探船作业电缆数量较少，采集到反映地震波传输、反射时经过的一个地下垂直面或横截面的数据，只能绘制出二维图谱。三维物探船的电缆数量较多，一般不少于8根，检测到的数据也更加具体，能够在计算机上形成三维地质概貌图。

2. 钻井勘探阶段

钻井勘探是通过对地球物理勘探获取的二维资料进行分析和判断，对有油气生成的地质构造处钻取勘探井，再分析比较二维资料和勘探井取芯资料，确定物探方案并实施，取得详细的地质构造资料，确定是否开钻评价井，以及评价井数量和井位。一般都需要钻取评价井以获取可靠的地质资料。开钻评价井后，通过分析比较三维物探资料和评价井取芯资料，以确定其是否有开采价值。因此，海洋物理勘探和海上钻井勘探是需要交叉进行的。

不论有多少勘探井和评价井需要钻探,这一阶段的主要作业都是在海上进行钻探,打一种特殊的、但已标准化的油井,需要使用能装载全套石油钻井设备系统并支持其钻井作业的特殊浮体,在石油公司指定的钻探点上取得一相对固定的位置来完成海上钻探任务,经过实际的操作,适应并改进、开发和淘汰。目前,有效的油井钻探装置有自升式钻井平台、半潜式钻井平台和钻井船,在水深不超过 20 米的浅海、海滩,还可以使用坐底式钻井平台。为了实现不同海域区块的钻井需求,上述平台可以移位至另一处进行钻探。水深决定了钻井装备的形式。在极浅水深条件下,往往选用坐底式平台,该平台在钻井时坐落于海底,移位时浮到海面上,在海床平坦的浅海区域进行油气勘探开发作业。当水深超过 20 米,但不超过 200 米时,多选用自升式钻井平台,依靠 3 根以上的桩腿插入海底并进行压桩,然后使用平台上配置的升船设备使平台主体沿桩腿上升,离开水面一定高度,随后通过钻井装置开始打井作业。当水深超过 200 米时,需依靠水深适应性更强的半潜式钻井平台或深海钻井船等浮式装置开展钻探工作。

油气井以及钻井作业过程,使用的钻井设备已经是非常规范化、标准化的技术、程序和产品,该技术由陆地移动至海上,其基本框架、参数、要求没有变,但工作条件比陆地恶劣得多,因此,海上钻井勘探设备在技术上有更高的要求,如海上风浪流作用下的钻井作业技术、钻井设备的波浪补偿技术、海上限制船或平台偏移的技术等。

3. 开发和工程建设阶段

根据三维物探和评价井资料分析计算石油和天然气储量,制订油气开发方案,并完成一系列的评价工作,包括资源评价、工程评价和经费评价。在前期勘探阶段,通过物理勘探和钻井勘探以及评价阶段的工作,均是寻找油气藏,是海上油气开发的前提和前期工作。通过钻探能确定海底有没有油气、有多少,是否能开采出来,初步估算油田开发有没有经济效益,在诸如上述工作成果及对此的研究评价都具有肯定结论的前提之下,方能进行下一步的开发工作。

油气开发前应制订开发规划。第一步是根据物探资料开展钻井勘探,包括钻勘探井和评价井;第二步是油气藏评价阶段;第三步是预算研究阶段,包括评价钻井资料、油层开采可行性研究、装备设计研究、技术可行性研究、经济可行性研究、整体开发计算、油田评价;最后是工程建设阶段,包括基本设计、详细设计、设备采办、船体建造、设备安装与连接、交工试运转与投产阶段。

钻生产井与钻勘探井的程序、装备基本相同,但目的不同。油田开发时整个钻井过程又分为钻井、录井、测井、固井、完井、射孔。

经过勘探会发现储油区块,利用专用设备和技术,在海上预先选定的位置处,向下或一侧钻出一定直径的圆柱孔眼,并钻达海底地下油气层的工作,称为钻井。在石油勘探和油田开发的各项任务中,钻井起着十分重要的作用。诸如寻找和证实含油气构造、获得工业油流、探明已证实的含油气构造的含油气面积和储量,取得有关油田的地质资料和开发数据,最后将原油从地下取到地面上来等等,无一不是通过钻井来完成的。钻井是勘探与开采石油及天然气资源的一个重要环节,是勘探和开发石油的重要手段。

4. 生产、储存和外输阶段

海洋油气生产主要包括采油和油气分离。对完井的各井,有计划地开启采油树阀门、控制各井产出原油,或以机械提升、化学注入、注水、气举等方式从井内采出石油,称为采油。从井内采出的混合流体通过物理、机械等方法分离出达到向外输出标准的原油、天然气和达到排放入海标准的水的整个过程被称为油气分离处理。

将各采油平台分离处理后的原油和天然气加以集中、储存和通过穿梭油船、海底油气管线等方式,将原油、天然气输送至油气终端,被称为油气集输。根据作业海域的位置、环境、水深、油田产量和油品性质等,海上油气田的集输方式有两种,即半海半陆式开发和全海式开发。

半海半陆式开发方式(见图 1-1)是在海上进行油气初处理,把主要的油气深加工的集输设备及储存、外输工作放在陆地上的油气集输系统。该方式适用于离岸不远、油气田产量高、海底适合铺设输油管线以及陆上有可利用的油气生产基地或油气田的集输。半海半陆式开发装备除了平台、海管、海缆外,还包括陆地终端。

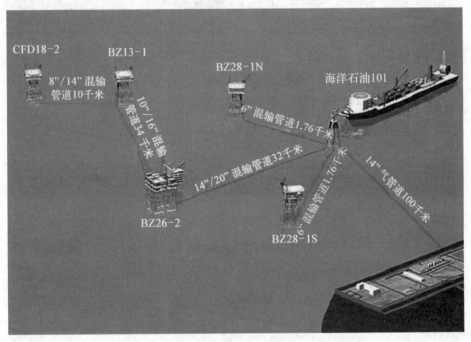

图 1-1　半海半陆式开发方式

全海式开发方式(见图 1-2)是海上油气生产处理设备系统,包括为其提供集中、计量、处理的生产场地、支撑生产设备的结构物全部建在海上。处理好的油气可通过穿梭油船运输到岸上。该方案简化原油和天然气的运输环节,可使油气田的开发向自然条件恶劣的深海和大储量油气田发展,适用于各个时期各种油气田的开发。全海式开发装备包括平台、海管、海缆及单点系泊浮式生产储油卸油装置(floating production storage offloading, FPSO)系统。

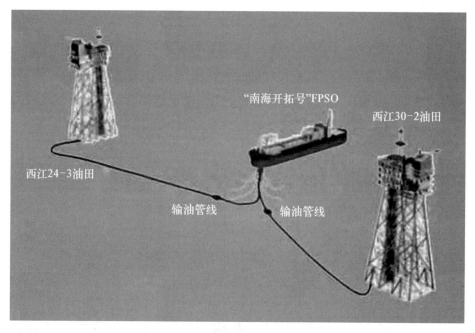

图 1-2 全海式开发方式

海洋油气生产、储存和外输阶段需要配置海上油气生产平台和辅助工程船等装备。海上油气生产平台按水深由浅到深主要有重力式平台、导管架平台、浮式生产储卸油装置、张力腿平台、立柱浮筒式平台、半潜式生产平台和水下井口生产系统等。

二、海洋油气开发特点

海洋石油开发是一项高风险、高技术、高投入的系统工程。

1. 海洋油气开发具有"高风险"的特点

海洋油气开发装备在海上作业要面对恶劣的海洋环境和各种严重的自然灾害,如台风、海啸、地震等。会对海洋油气开发装备的结构产生不同程度的破坏,影响正常的海上作业。另外,海上油气田开发中作业风险较大,作业人员操作不当也是导致发生海洋平台事故的原因之一。1969 年渤海湾出现了百年不遇特大冰封,冰厚达 80 厘米,堆积高度为 1~2 米,最大堆积高度达 9 米(在海上冰块会行走），当时在流冰的作用下，渤海石油公司的"海二井"平台被推倒，另外三座平台虽然没有被推倒，但也严重受损，经济损失巨大。1979年11月渤海石油公司"渤海二号"钻井船在迁移井位的拖航过程中遇到了恶劣的大风而翻沉，船上74人中72人死亡，仅2人幸存，损失惨重。据统计，从1955年到1982年的28年中，因狂风巨浪的袭击，全球范围共翻沉石油钻井平台36座。1983年10月26日，美国的"爪哇海"号钻井船在我国南海莺歌海域进行钻井作业时，遭遇8316号台风引起的8.5米巨浪袭击而被掀翻，造成了数亿美元损失。1986年8月的Allen飓风，摧毁了墨西哥湾四座海上钻井平台。1989年11月3日美国"海浪峰"号石油钻井平台被大风掀翻沉没，船上81人死亡。2010年4月20日，英国石油公司在美国墨西哥湾租用的钻井平台"深水地平线"发生爆炸，平台在燃烧36小时后，沉入墨西哥湾，导致大量石油泄漏，酿成一场经济和环境惨剧。

2. 海洋油气开发具有"高技术"的特点

海洋时常汹涌澎湃，险象环生，海洋开发难度不小。随着水深的增加，开发难度骤增。因此，必须使用当代最先进的科学技术，包括造船技术、卫星定位技术、现代机械制造、电机和液压技术、现代环保和防腐蚀技术、智能控制技术等综合技术，才能解决移动式平台及其定位，浮动状态下的海上钻井、完井、油气水分离处理、废水排放和海上油气的储存和输送等问题。例如，海洋地球物理勘探技术和装备与陆地截然不同。海洋地震勘探必须采用专门的船舶，采用大功率、高压空气压缩机组等装备产生和释放高能量的地震波，穿透6 000～9 000米的海底地层，由漂浮在离水面一定深度的多道检波电缆接收震波等信息。海上采油与集输，都需要采用适应海洋的特殊环境、与陆地差异很大的高技术性能的采油、集输工艺和装备（如各类生产平台和海底采油装置等）。

3. 海洋油气开发具有"高投入"的特点

海上钻勘探井和开发井，必须采用专门的钻井平台（船）、大功率的海洋钻机、适应船体升沉平移运动而保持船位以及专用的水下与水面钻井钻压设备；

海上钻井、采油作业人员的作业器材和生活物资,都需要用船舶和直升机运送,受气象条件影响大,费用高。在浅水海域,可以通过建造采油平台来完成原油采收。而在深海,则需依靠浮式平台和水下生产系统完成采收任务。由于其身处数百米甚至千米水下,所有设施的零部件必须具备抗高压、高度密封等性能。这种水下设施价格不菲,而且这些尖端装备技术基本上都掌握在少数几家企业手中,设备采购周期长,后续维保费用高。如在水深小于 300 米处打一口 1 200 米深的井口需要 1 000 万美元;在水深大于 1 000 米处打一口井需要 2 000 万~3 000 万美元;对于在超深水区打井的投资会更高。开发工程的投入更大,例如,建造一艘 30 万吨的 FPSO 需要 5 亿~6 亿美元(其中包括船体、油气处理系统及单点系泊装置等),建造一艘自升式钻井船需要 1 亿~2 亿美元,建造一艘半潜式钻井船需要 12 亿美元,建造一艘深水铺管船需要投入 3 亿多美元。此外,海洋工程的科技含量高,它是高科技的集中反映。如水下传声遥感勘测仪、分离器、射线探测仪、旋转式导向钻井技术、水下井口、单点系泊装置、输油万向接头、水下基盘、铺管船、半潜式钻井船及 FPSO 等,都是具有高科技含量的设备和装置,价格昂贵因此投入的资金也较大。据统计,海洋油气开发成本随海洋环境和水深不同,为陆地开采成本的 5~10 倍。因此,经济和有效地开采海洋油气田是行业面临的极其困难的任务。

第四节　我国海上油气田概况

海上油气田是海洋油气开采的基地。我国海上油气事业的发展,主要体现在海上油气田的建设和经营上。在建设海上油气田和在海上油气田中生产油气产品,需要一整套大型的油气开发专用设备和通用设备。因此,海洋油气开发装备的研发是服务于海上油气田开发的。下面列举我国海上油气田的发展概况,并在本书中详述为达到海上油气田开发的目的,所采用的海洋油气开发装备的研发历程。

渤海油田是中国最大的海上油田,也是全国第二大原油生产基地,由中国海洋石油集团有限公司(以下简称"中海油")天津分公司负责渤海油田勘探开发生产业务。渤海海域面积 7.3 万平方千米,其中可勘探油田面积约 4.3 万平方千米。渤海油田与辽河油田、大港油田、胜利油田、华北油田、中原油田属于同一个盆地构造,有辽东、石臼坨、渤西、渤南、蓬莱五个构造带,总资源量为 120 亿立方米左右。其地质油藏特点是构造破碎、断裂发育、油藏复杂,储层以河流相、三角洲、古潜山为主,油质较稠,稠油储量占 65% 以上。

渤海油田累计发现三级石油地质储量近 50 亿立方米,开发了蓬莱 19 - 3、绥中 36 - 1、秦皇岛 32 - 6、渤中 25 - 1、金县 1 - 1、锦州 25 - 1 南等数个亿吨级大油田,形成 4 个生产油区和 8 个生产作业单元,在生产油田超过 50 个,拥有各类采油平台 100 余座。2020 年 3 月 18 日,中海油宣布,我国最大海上油田——渤海油田油气勘探又获大发现:位于渤海莱州湾北部的垦利 6 - 1 - 3 井,共钻遇约 20 米厚油层,测试单井原油年产量可逾 40 万桶,这是莱州湾北部地区首个大型油田。

南海位于我国大陆的南方,北边是我国广东、广西、福建和台湾四省,东南边至菲律宾群岛,西南边至越南和马来半岛,最南边的曾母暗沙靠近加里曼丹岛。浩瀚的南海,通过巴士海峡、苏禄海峡和马六甲海峡等,与太平洋和印度洋相连。南海是我国面积最广的海域,约有 356 万平方千米,也是我国最深的海区,平均水深约 1 212 米,中部深海区最深处达 5 567 米。南海油气田分为南海东部油气田和南海西部油气田。

南海东部油气田的油气资源开发主要由中海油深圳分公司负责,勘探总面积近 30 万平方千米,覆盖 52 个矿区。1990 年,首个油气田投产。1997 年,南海东部油气田高峰年产量达 1 504 万立方米,占国内海上油气总产量的 80% 以上。

南海东部油气田勇探自营之路,逐步从单一对外合作走向自营与合作并举,从单纯找油走向油气并重,从简单油气藏勘探到复式油气藏勘探,从浅水区迈向深水区,发现一批新油气田,从而实现了油气田的接替。近年来,中海油深圳分公司以寻找大中型油气田为主线,在大陆架区深耕细作,在深水区寻求突破,在成熟区滚动勘探,新区新领域创新勘探,不断夯实储量基础。同时,加大勘探开发一体化力度,实现了储量向产量的优质高效转化。目前,南海东部自营油气田产量已占总产量的 75%。截至 2018 年底,中海油南海东部油气田的总钻井数量为 425 口,自营井数量为 232 口,占 54.6%;合作井数量为 193 口,占 45.4%。目前,南海东部油气田已成为我国重要的海上油气生产基地,连续 25 年油气产量超 1 000 万立方米,连续 6 年产量超 1 500 万立方米。

南海西部油气田主要由中海油湛江分公司负责,由涠洲油田群、崖城油田群和陵水气田群等组成,拥有 48 座在役平台,2 座终端及 2 座 FPSO,海底管道共有 65 条,总长达 1 978.83 千米。业务包括南海西部海域石油天然气的勘探、开发和生产,具有广阔的勘探开发前景。

东海油气田位于东海平湖凹陷区域,总面积为 2.2 万平方千米。据专家估算,东海油气田蕴含石油约 250 亿吨,天然气约 8 万亿立方米。经过 30 多年勘探,发现平湖、春晓、天外天、残雪、断桥、宝云亭、武云亭和孔雀亭等 8 个油气田。

第二章
坐底式钻井平台

　　坐底式钻井平台是海上移动式钻井平台中最早出现的一种。早期的钻探作业是将钻井设备安装在驳船上,然后下沉坐落在海底进行钻井作业。后来发展的坐底式钻井平台按照这种构造原理由上下两个船体和连接两船体的若干立柱组成,上船体为工作甲板,布置生活舱室和设备;下船体是坐底沉垫,作为压载和支承的基础,向沉垫内注水平台即下沉坐落在海底,把水排出,平台就能浮起;上下两船体之间通过支承结构相连。坐底式钻井平台具有沉得下、坐得稳、浮得起的特点,适用于河流和海湾等 30 米以内的浅水域,在海床平坦的浅海区域进行油气勘探开发作业。坐底式钻井平台,由于构造比较简单,投资较少,建造周期较短,在浅水油气开发中发挥着重要的作用。

　　1948 年,世界上第一座坐底式钻井平台"Breton Rig 20"号诞生,该平台采用驳船坐底,为了使平台具有足够的干舷,采用立柱将平台支撑在驳船甲板上。该平台诞生后的第二年,就在墨西哥湾钻了 6 口开发井,井位间的距离为 10～15 英里[①]。"Breton Rig 20"号坐底式钻井平台稳性较差,在恶劣的海况下会发生倾覆。为此开发公司进行了稳性改进设计,在驳船的两端配备了浮箱。并建造了坐底式钻井平台"Mr.Charlie"号。该平台为壳牌公司在密西西比河口钻

---

　　① 英里为长度单位,1 英里＝1 609 米。

了第一口井,此后在墨西哥湾连续服役了 30 年。

此后多家公司都努力改进坐底式钻井平台的设计,其中一些采用了凸出的壳体,一些在四边转角上设置了大直径圆柱液舱,至 1963 年共建造了 30 座坐底式钻井平台,这些平台一直服役到 20 世纪 90 年代。

我国从 20 世纪 60 年代初开始设计坐底式钻井平台,至今已成功设计建造了多座坐底式钻井平台。如"胜利 1 号"坐底式钻井平台,由胜利油田钻井工艺研究院和天津大学海洋与船舶工程系联合设计,烟台造船厂建造,于 1979 年投产,工作水深为 1.5~6 米。"胜利 2 号"坐底式钻井平台,由胜利油田钻井工艺研究院和上海交通大学联合设计、青岛北海船厂建造,于 1988 年投产,工作水深 0~6.8 米。"胜利 3 号"坐底式钻井平台,由中国船舶及海洋工程设计研究院设计、烟台造船厂和中华造船厂联合建造,于 1988 年投产,工作水深 2~9 米。"胜利 4 号"坐底式钻井平台,由美国 Mcdermott 船厂 1982 年建造,于 1985 年引进,由胜利油田钻井工艺研究院完成改造设计,将平台和沉垫宽加宽,增加抗滑桩,由天津新港船厂改建,于 1986 年改建完投产,改建后工作水深 2~5 米。"胜利开发 1 号"和"胜利开发 2 号"坐底式钻井平台由胜利油田钻井工艺研究院设计、山东省荣成第一造船厂建造,于 1992 年投产,为单井试采平台,工作水深 1.5~9 米。2007 年由中国船舶及海洋工程设计研究院设计、山海关船厂建造的"中油海 3 号"和"中油海 33 号"坐底式钻井平台建成投产,这是中国石油天然气集团有限公司海上油气开发的装备。

坐底式钻井平台已应用在我国的浅海钻井平台、采油平台和储油平台,我国在 10 米以下水深范围内已有较成熟的坐底式平台设计、建造和使用经验。

第一节　坐底式钻井平台特征

坐底式钻井平台(见图 2-1)利用沉浮原理,将其潜水结构灌水下沉坐底,用数个立柱支撑着固定高度的上层平台进行作业。坐底式钻井平台是根据接地方式命名的,反映了坐底工作的特点,该类型平台也称为沉浮式平台,或固定甲板高度平台和底撑式平台。

图 2-1　坐底式钻井平台

坐底式钻井平台从接地形式、沉浮稳性和立柱功能等方面可以分为以下类型:

1. 驳船坐底式钻井平台

驳船坐底式钻井平台中驳船起着上部平台和下部浮体的作用,工作水深一般在 5 米以内,因此只能用于极浅水域。之后的坐底式钻井平台都是由它演变而成的,早期的钻井驳船多采用这种形式。

2. 沉垫坐底式钻井平台

沉垫坐底式钻井平台适用于较平坦的海底、地基承载力较差的海床条件。按照立柱的粗细和作用,沉垫坐底式钻井平台可分成以下两种:

(1) 稳定立柱沉垫坐底式钻井平台。稳定立柱沉垫坐底式钻井平台是粗立柱坐底式钻井平台,立柱除支撑上部平台外,在沉、浮过程中可保持平台稳性,平台可平稳下沉和起浮,这类平台适用于较大工作水深,一般为10米以上。

(2)细立柱沉垫坐底式钻井平台。细立柱沉垫坐底式钻井平台的立柱只起支撑上部平台并连接下部沉垫的作用。当平台下沉时,一旦水深超过沉垫型深的水深范围时,水线面突变,平台的下沉稳性不能保证。这类平台适用水深较小,只有在沉垫型深的水深范围内,平台方可平稳地沉浮。当水深超过沉垫的型深时,应让一头先下沉(或起浮),或采取其他措施沉浮。这类平台多用于10米水深以内。

3. 格管坐底式钻井平台

格管坐底式平台的立柱都是大型稳定式立柱,常做成钢瓶式变截面形状。钢瓶立柱起支撑作用,设有压载水舱。平底底部结构不用沉垫,而是用格管连接各立柱,形成整体结构,格管有纵、横格管。这类平台适用水深较大,一般在25～30米,且地基承载力较好的海床。

第二节 钻井系统

钻井系统是海上钻井平台最重要的设备系统,各种钻井平台和修井平台都需配置。

常规的陆地钻井主要采用旋转钻井法,其工作原理是:钻头旋转破碎岩石,形成井深,用钻柱将钻头送到井底,用起升设备起下钻柱,用钻盘或井下动力钻具带动钻柱和钻头旋转,用泥浆循环系统带动钻井液循环并带出井底岩屑。

海洋钻井与陆地钻井系统的相同之处如表2-1所示。

表 2-1　海洋钻井与陆地钻井系统的相同之处

序号	名　称	作　用　及　组　成
1	提升系统	功能：起下钻、换钻头、均匀送钻、下套管及进行井下特殊作业等。主要由钻井绞车、游动系(包括钢丝绳、天车、游动滑车、大钩和悬挂游动系统的井架)等起升操作用的设备组成
2	泥浆循环系统	功能：清洗井底、携带岩屑、传递动力等。主要由泥浆泵、地面高压循环管系、水龙带、水龙头、钻柱、泥浆净化及调配设备组成
3	旋转钻井系统	功能：不断破碎岩石、加深井眼及处理井下的复杂情况等。主要由转盘、水龙头、钻杆、钻铤及钻头等组成
4	动力驱动系统	功能：驱动起升、旋转和循环等。主要由柴油机或交直流电动机组成
5	传动系统	功能：连接动力机和工作机，并将动力传递到工作机组。主要由减速箱、离合器、传动皮带轮、传动链轮和并车、倒车机构组成
6	控制系统	功能：远距离操作和协调各机组的正常工作。主要由机械控制、电动控制、气动(液动)控制等设备组成
7	钻机底座	功能：安装各机组。主要包括井架、钻台动力驱动系统、传动系统和泥浆泵等的底座
8	辅助设备	配套服务可分割的部分。主要包括供气、水、电、钻鼠洞、防井喷、防火、辅助起重和保温设备等

海上钻井系统与陆上钻井系统的主要区别如下：

(1) 顶部驱动钻井。顶部驱动钻井设备称为顶驱系统，海上钻井也设有转盘，但是由于顶驱具有节省接单根时间，节省定向钻进时间而使钻井效率提高，具有对操作人员安全、井下安全、设备安全、井控安全、便于维护等优点。对于作业空间狭小，海上施工操作艰苦风险大的工作条件，采用顶驱更具有改善上述不利因素的优越性。

(2) 海上钻井需要隔离海水，因此其管路比陆地上的多了立管隔水管，钻杆和泥浆系统都通过立管隔水管以达到与海水分离的目的。海水越深，隔水管越多也越重。为减轻隔水管的重量，通常在隔水管外面包上厚厚的泡沫塑料以增大其在水中的浮力。由于平台空间有限，管路储放采用了平放和立放等多种形式；为减轻操作人员的劳动强度，一般都采用自动和半自动操作系统。

（3）海上的防井喷装置（blow-out preventer，BOP）和采油树有的设计在海底，有的设计在平台甲板上，设计在海底的采油树称为湿式采油树，设计在平台甲板上的采油树称为干式采油树。防井喷装置的控制系统一般采用液压控制，陆地上的液压流体是液压油，而海上的液压流体是乙二醇水溶液，一来可防止污染海洋，二来可有很好的抗冻性，因为越往海底温度越低。此外，因为防井喷装置和采油树比较庞大，所以还需要另外一套吊车系统。

（4）海洋平台上空间狭小，防爆要求高，因此一般安装两套燃烧臂系统。

（5）为了防止因平台上下移动导致钻动力量不均可能引起的过载和空载，海洋平台采用了钻杆补偿系统。为保持大的动态补偿，一般采用气动控制，主气缸中的气体压缩和膨胀相当于一个大的弹簧，而天车和大钩基本保持不动以实现平台的升降补偿。

（6）为了防止立管隔水管垂直方向移动导致的断裂，平台一般设计有一套立管隔水管张紧系统，这套系统根据采集的平台运动状态和预期补偿使隔水管的偏移保持在一个允许的范围内。

钻井系统一般由下列设备组成。

1. 起升系统设备

起升系统设备包括井架和钻井绞车等。

（1）井架是在钻井或修井过程中，用于安放天车，悬挂游车、大钩、吊环、吊卡等机具，以及起下、存放钻杆、油管及抽油杆的装置。井架由主体、天车台、天车架、二层台、立管平台等组成。主体多为型材组成的空间桁架结构；天车台安放天车和天车架；天车架用于安装和维修天车；二层台为井架进行起下操作的工作场所；立管平台为装拆水龙带的操作台。井架按整体结构形式的主要特征可分为塔形井架、前开口井架、A型井架和桅形井架等。

（2）钻井绞车是钻井平台钻机设备中的关键设备，其主要功能是起下钻具、套管、隔水管、水下器具及悬持全部钻具和钻头等。钻井绞车的起升能力是钻井平台的重要标志性的参数，也是其他相关钻井设备配置的参照依据。随着海洋石油的钻探和开采向深水推进,对钻井绞车的提升能力和钻深能力提出了更高的要求。

2. 旋转系统设备

转盘和顶驱是钻井旋转系统的组成部分。在正常钻井工况下,由顶驱带动钻具旋转进行钻井作业,转盘作为备用,并在下放水下器具、正常起下钻作业和处理井内钻井事故中悬持钻具和管柱。

(1) 转盘的通径及额定的静载荷能力是转盘的主要参数,也是钻机设备配置中的一个重要参数。对于海上石油钻井转盘的通径,应能够使隔水管顺利通过转盘的中心孔。随着钻井作业水深的加大,为了降低隔水管柱的重量,隔水管的外侧多采用浮力材料,浮力材料的外径为 914.4~1 346 毫米,这就要求转盘的通径必须足够大。

(2) 顶部驱动钻井装置,即顶驱装置是一种新型的钻井设备。所谓顶部驱动,简单地讲就是把钻机动力由下部的转盘处传递到钻机上部的水龙头处,驱动钻具旋转工作,从理论上可以认为是移动的转盘和水龙头的结合体(见图 2-2)。

第一套顶驱装置在 1982 年问世。经过不断的改进和开发,顶驱装置已在海洋和陆地多种钻机上得到了推广和应用。与常规的钻井装置相比,顶部驱动钻井法更加安全可靠,适合于深井、超深井以及斜井、水平井等高要求和复杂工况下作业。由于顶驱装置是机电液一体化的钻井设备,因此,对钻井施工及维修技术人员的技术素质提出了更高的要求。目前国际上一些大型油气公司要求专业化服务公司的大型钻机必须配备顶驱装置,否则招标时可能不予考虑选用该服务公司。

3. 循环系统设备

循环系统设备由泥浆泵和隔水管组成。

(1) 对于钻井平台,泥浆泵是泥浆设备中最为关键的设备,泥浆泵选用配置决定着泥浆系统其他辅助设备的选用。

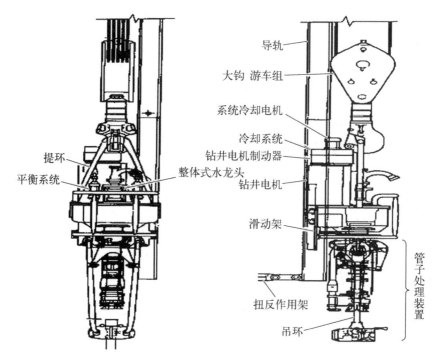

图 2-2　顶驱的基本结构

（2）隔水管处理系统是完成隔水管在平台上存储、移运、检修等功能的系统。隔水管从平台供应船上用平台甲板吊机以水平吊运方式将其吊运到平台的堆场上，再通过其他方式将其放置到相应的位置。

隔水管有水平和垂直两种存放方式。不管平台上的隔水管采用何种存放方式，平台都需配置一个隔水管水平输送机将隔水管输送到钻台内。各种规格的隔水管都可以采用水平存放方式，但对于采用垂直存放方式的隔水管，考虑其堆放时的重心与相关设备及系统的垂向高度，通常以 75 英尺规格的隔水管存放为宜。基于从隔水管起重机将隔水管起吊到钻台转盘垂直位置所需的时间考虑，隔水管垂直存放的作业效率要高于水平存放。

由于隔水管长度及存放方式的不同，对隔水管处理系统的配置要求也有所不同。水平存放时配置有隔水管起重机，以及隔水管水平输送机。垂直存放时除配置隔水管起重机外,还需配置隔水管指梁系统及隔水管拖车、台车等辅助设备。隔水管起重机的起吊能力是以吊运伸缩节为设计要求的,通常为 35~40 吨。为了防止隔水管指梁碰擦,垂直移运隔水管时除顶部采用专用工具吊住之外,还需在隔水管底部配置专用台车将隔水管托住,它们与隔水管起重机同步将隔水管移进/移出隔水管指梁的位置并送到上钻台的拖车。

4. 深水钻井防喷器组

陆地和浅水防喷器组等井控设备的设计和工艺技术以及使用经验已相当完善,但当将防喷器组安装在深水海底时,由于作业环境的特殊性,不仅防喷器组本身不同,控制系统、钻井作业程序以及设备的使用程序也必须做相应的改动。与陆地和浅水防喷器组相比,深水防喷器组主要有如下四个方面的工作特点。

(1) 工况更加恶劣,设计、安装和使用时需要考虑的因素增多。因为在深水中使用,必须考虑外部静水压力的影响,其安装作业的难度、成本与陆地和浅水钻井相比都急剧增加;当水深超过 300 米时,必须要考虑气体水合物的影响。

(2) 深水钻井风险和投资巨大,对深水防喷器性能提出了更高的要求,防喷器的尺寸(如壁厚、体积等)明显增加。

(3) 使用了细长(长度一般与作业水深相同)的节流压井管线,进行井控作业时必须要考虑流体在其中流动产生的压耗;深水防喷器组体积的增加,需要更多体积的流体来实现对防喷器组的控制,对液压控制系统的工作能力和响应时间提出了更高的要求。

(4) 为避免液压控制液在返回管线时产生较大压降,需将液压控制液排放到海水中而不返至水面,要求使用的液压控制液是一种无腐蚀性、无污染的环保流体。另外,为保证液压控制系统有足够快的响应时间,这种工作液黏度应该尽量低,并具备很好的润滑性。

第三节　坐底式钻井平台设计

坐底式钻井平台,除总体布置、稳性、水动力性能、结构、动力、船装、电气、安保、通导、居住等常规内容外,对坐底式钻井平台特有的技术问题需予以重点考虑:

(1)防冲刷和淘空。沉垫坐落海底后,水流的长期作用会对沉垫的基础产生冲刷和淘空,严重时甚至造成平台倾斜和滑移。如何采取措施防止沉垫基础被冲刷和淘空已成为坐底式钻井平台一个关键技术问题。

(2)抗滑移。坐底式钻井平台主要靠沉垫底面与海底产生的摩擦力和黏结力来平衡平台在风、浪、流作用下所产生的水平载荷。这样的摩擦力和黏结力往往不足以抵御极限环境条件下平台所承受的水平载荷。为确保平台具有足够的抗滑移能力,常采取在平台沉垫周边或四周填砂石、设置抗滑桩等措施。

(3)平台水平姿态的调整。海床倾斜、基础沉降不均匀以及冲刷等都会造成平台倾斜,坐底式钻井平台必须设置平台水平姿态的调平机构,以保证井架和平台保持正立的姿态,这样才能确保钻井作业的安全。

(4)平台的起浮。坐底式钻井平台在一个海区作业较长时间后,沉垫与海底土壤产生很强的黏结力和吸附力,使平台排水起浮发生困难。为解决这一问题,部分平台会在沉垫底部设置水流冲刷装置来破坏沉垫底部的黏结力和吸附力,使平台易于起浮。

第四节　我国坐底式钻井平台发展

我国坐底式钻井平台研发起步较晚,但国家重视,市场需求,研制人员的努力,发展较快。由最初跟着走,到进入世界先进水平。20世纪80年代,我国北部辽东湾至莱州湾一线的辽河油田、大港油田、胜利油田的油气带向海中延伸,此区域的油气储量较大,急需开发以满足国家经济发展对石油的需求,此海区水深较浅,海床宏观坡度较平坦,而地表层承载能力较弱,常规的海洋钻井平台难以进入,用筑堤或人工岛进行打井,投资风险大。为此,研发设计了我国第一座坐底式钻井平台"胜利1号",用于浅海石油的勘探和开发,填补了我国极浅海石油勘探的空白。通过对该平台的总结,我国相继研制了"胜利2号"坐底式钻井平台、"胜利3号"坐底式钻井平台和"中油海3号"坐底式钻井平台,其中胜利2号坐底式钻井平台荣获全国十大科技成果奖和国家技术发明二等奖。胜利3号获中国船舶工业总公司科技进步一等奖。"中油海3号"是目前国内及世界最先进的坐底式钻井平台。这几座平台为我国极浅海油田的开发作出了贡献。

1. "胜利1号"坐底式平台

"胜利1号"坐底式钻井平台是我国第一座自行设计建造的坐底式钻井平台,该平台总长56.5米,总宽24米,总高53.2米(包括井架高度);自沉垫底板至上层平台甲板高度为9.5米;上层平台长56.5米,宽24米,沉垫长45米,宽24米,型深2.5米;平台空载吃水1.3米,空载重量1 300吨,该平台用于莱州湾胜利油田极浅海区域,填补了我国极浅海石油勘探的空白区,为极浅海石油勘探作出了重要贡献。"胜利1号"平台设计要求如表2-2所示。

表2-2　"胜利1号"平台设计要求

工作水深	莱州湾胜利油田极浅海区域,水深1.5~5米(包括潮高)
设计海况	最大风速为51.4米/秒; 最大波高3米; 潮流速度2节①
海底土壤	海底以下0.5~3米为淤泥,淤泥以下为粉砂,一般在海底以下5~6米处为硬土层
海底坡度	$\frac{1}{2\,000} \sim \frac{1}{1\,000}$ 度
地震烈度	8度

---

① 节为速度单位,1节=1.852千米/小时。

"胜利1号"用于极浅海勘探,又处在黄河口附近的特殊环境条件,要求该平台能到潮间带钻井,要进得去、站得稳、起得来、出得去、性能好、易建造。在总体结构型式选择时,一切围绕"浅"字,结构尽量轻便,因而选取了大而扁的沉垫、细支柱、轻型的上层平台结构,为防止滑移,采用带四个抗滑桩的坐底式平台结构型式。实践证明,这种结构型式重量轻、吃水小、承受的外力小、结构强度和稳性好、冲刷小,是极浅海坐底式钻井平台较好的型式。

上层平台主要为钻井作业提供合理的作业面积和生活设施。控制上层平台尺度的主要因素是钻井生产工艺要求。由于该平台在极浅水区域作业,上部装备尽量减轻,主要按单层考虑,局部有两层。上层平台的长度主要受井架、井场、联动机、泥浆泵、生活区的布置控制;在宽度上受井架、井场、泥浆循环系统和平台四边的起重机、堆场、通道、锚机和抗滑桩等布置控制。根据上述布置需要,上层平台宽度为24米,与沉垫宽度相同,长度为56.5米,比沉垫长出11.5米,用斜撑在艏端悬出7.5米,在艉端悬出4米。上层平台总面积为1 356平方米,比沉垫面积大26%。

沉垫是平台的基础结构,在平台漂浮时提供浮力并满足吃水和漂浮稳性要求,在平台坐底时将整个平台的重量传递至海底,并要满足坐底稳性的要求,同时要保证结构强度要求。沉垫尺度首先考虑型深,由于平台坐底时受到浪、流的作用,型深不宜太高;但因在漂浮时由它提供一定浮力,则要有一定的排水体积。再根据设计任务要求,平台必须能进入1.5米水深工作,因此吃水不能大于1.3米是型深的必要条件,此时平台载荷(工艺装备和结构自重)为1 200吨,所以初步算得沉垫底面积约为1 000平方米,而平台满载时最大载荷约2 030吨,按1 000平方米底面积计算,满载吃水为2.0米,再考虑0.5米的拖航干舷,所以初步确定沉垫型深为2.5米。

在型深2.5米的基础上,按底面积1 000平方米来确定沉垫的长度和宽度,先取上层平台工艺布置要求的宽度24米为沉垫的宽度,核算平台坐底稳性和漂浮稳性所需要的宽度。将工艺布置、坐底稳性、漂浮稳性三者综合考虑,从而最后确定沉垫宽度为 24 米,长度为 45 米。综合上述要求,选择扁平的长方体沉垫,尺度为 45 米×24 米×2.5 米。此外,根据该平台沉垫冲刷试验提供的结果,将沉垫设计成圆弧形舷顶,4 个角隅呈圆形,从而有利于平台防冲刷。

综合指标如下:

(1) 平台坐底时地基承载力安全系数为 1.44。

(2) 平台坐底时横向抗倾安全系数为 4.5。

(3) 平台坐底时横向抗滑安全系数为 2.44。

(4) 平台漂浮时横稳性高度 26.4 米。

当然也要考虑到其他因素,如平台的摇摆、拖航中波浪的变形、航向的稳定、基地的坞修、航道尺度、码头岸线长度等。

坐底式钻井平台支柱型式有粗的稳定支柱和细的支撑支柱两种。该平台选用细支柱群柱结构作为平台的支撑结构,它连接上层平台和下部沉垫以保证平台整体强度,将各种载荷传递到沉垫和上层平台主要构件上,这种支柱具有直径小、重量轻、支柱间距小等优点,可减轻上层平台结构重量,减小波浪力,这对于平台坐底稳性和整体强度都是有利的,实践证明这种支柱对极浅海坐底式钻井平台是适用的。

支柱均用 16 锰 Φ326×7 的钢管组成的群柱结构,对于受力大的井架大腿、吊机底座等处采用组合柱的结构型式,由四个支柱或两个支柱组合而成,支柱的间距与沉垫纵横舱壁之间距离相等,均布置在纵横舱壁上,纵向支柱 4 行,其间距均为 6 米,横向支柱 8 排,其间距有两种,中间为 6 米,两边为 7.5 米。

支柱与上层平台和沉垫构件的连接节点,均采用 0.8 米高的专用节点箱进行连接,连同节点箱从沉垫上甲板至上层平台主梁下缘的高度为 6.4 米。

2. "胜利 2 号"坐底式平台

"胜利 2 号"步行坐底式钻井平台是由胜利油田钻井工艺研究院与上海交通大学联合设计、青岛北海船厂建造的我国第一艘极浅海步行坐底式钻井平台。该平台于 1988 年建成投产,到 1992 年底累计钻井 11 口。"胜利 2 号"步行坐底式钻井平台获 1992 年全国十大科技成就奖,1995 年获国家技术发明二等奖。

"胜利 2 号"钻井平台是一座能步行的两栖型坐底式钻井平台,也是一座由内体和外体组成的特殊型式的双体平台。平台的内体和外体由甲板、立柱及沉垫三部分组成。在拖航、沉浮、坐底等工况时,内外体由锁紧装置相连,组成一个整体;步行时,则脱开锁紧装置并借助一套步行机械和液压系统实现内外体交替步行。因此,该平台既有一般坐底式钻井平台的性能,又有因步行需要而派生出的种种特性。

该平台最大工作水深 6.8 米,平台结构分内、外体,可借助一套步行机械和液压系统实现各种步行动作,步行速度 60～100 米/小时。外体:甲板 72 米×42.5 米×2.5 米,沉垫 72 米×42.5 米×2.5 米。内体:甲板 51.78 米×27.5 米,沉垫 51.78 米×27.5 米×2.5 米。

平台的布置与常规的坐底式钻井平台相比较,有 3 个较为显著的特点:① 平台甲板的主尺度尤其是内体甲板尺度较小,再加上内体甲板又是单甲板,因此布置如此众多的工作场所及生活设施,显得极为紧凑;② 外体的存在,使内、外体产生了一个布置分工及衔接问题;③ 因步行需要而设置的步行机械液压系统和四个庞大悬臂支架,使"胜利 2 号"具有步行特性的布置风格。

分以下几点介绍布置详情。

(1) 沉垫的布置。沉垫内主要布置了压载舱、淡水舱、燃油舱、钻井用水舱、泵舱等。其中内体设置了 2 个泵舱、3 个淡水舱、2 个钻井用水舱、9 个压载舱、2 个燃油舱。外体设置了 2 个泵舱、12 个压载舱。在沉垫顶部设置了 5 个锁紧装置,1 个在艏部,另 4 个在两舷。在左右两舷的内外体交接处,还设立了 4 个步行用的导向装置。

(2) 内、外体甲板的分工与衔接。在考虑内、外体甲板的分工时,一是尽可能减少内外体间管路及电缆的连接,以减少步行前的准备工作;二是充分利用外体的甲板,在外体甲板上主要布置了牵引油缸、牵引小车、步行轨道、救生艇、起重机、锚机、系缆绞盘以及两个从甲板通向沉垫的梯道。

（3）内体甲板的布置。内体甲板的长与宽为 51.78 米×27.5 米，基本上与"胜利 1 号"相近。但该平台的 4 个庞大的悬臂支架以及液压系统占去了不少甲板面积，因此，内体甲板的空间显得很紧张。

整个内体甲板分成 3 个区域：艏部、舯部和艉部。艉部为井场作业区，集中布置了井架、钻机、泥浆池、泥浆循环系统、三除设备、重晶石罐、泥浆化验室及地质房等。由于这些钻井设施集中在一起，在钻井过程中，操作、联系、维修保养等均极为方便，提高了工作效率。甲板中部为动力区域，为了弥补内体甲板面积的不足，在中部搭建了平台。在平台下，右舷为 4 台柴油发电机组、5 台风冷散热器、可控硅整流装置；左舷为泥浆泵、固井泵、风压机及 4 个灰罐等。在平台上部为钻杆堆场、应急发电机房、电测仪器房和电测绞车房等。在内体甲板的艏部为生活区，平台所有的居住舱室、娱乐场所及生活设施均设置在此。艏部离危险的钻井作业区较远，且中间还有动力区作为缓冲，因此较为安全，干扰也较少。该平台的生活楼，外形较为特殊，呈"工"字形。这是因为两个悬臂支架深插至生活楼的中间，使生活楼只能采用"工"字形。这种型式的生活楼有不少缺点：一是减少了生活楼的面积，使原先就比较小的生活楼，其空间更显局促；二是布置不方便，由于中间存在一通道，无形中生活楼变成了两"片"。但"工"字型也有其特有的优点：一是采光通风好，在生活楼中，没有一个需 24 小时开灯的暗房间；二是噪声小，尤其是靠近艏部的这一片更显安静与舒适。在靠近动力区的居住舱室，布置时有意识地不设住人房间，而把浴室、盥洗室、厕所、贮藏室等设在此处，因而获得居住人员普遍好评，经使用后一致反映，"胜利 2 号"生活楼的最大特点是安静。在生活楼的顶层设置了指挥室，考虑到各个工况如拖航、步行、沉浮、钻井等均在此处指挥，因此在指挥室四周均设置窗户，以便于观察四周。

"胜利 2 号"从目前的情况看，主尺度选择还是合理的，无论在设备和舱室的布置上，还是在沉浮、钻井、步行等各个作业工况上均能满足设计的要求。

3."胜利 3 号"坐底式平台

1983 年 11 月胜利油田委托中国船舶及海洋工程设计研究院设计一艘坐底式钻井平台"胜利 3 号"。该平台总长 77.82 米,总宽 39.50 米,总高 80.00 米,沉垫长 68.40 米,沉垫宽 39.00 米,沉垫深 3.00 米,轻载和满载拖航吃水分别为 1.80 米和 2.18 米,轻载和满载排水量分别为 4 825 吨和 5 864 吨。"胜利 3 号"平台主要作业性能如表 2-3 所示。

表 2-3 "胜利 3 号"平台主要作业性能

作业海区	渤海湾内浅海区域
作业水深	2～9 米(包括潮高)
最大钻井能力	6 000 米
作业底质	泥沙海底
底质宏观坡度	$\frac{1}{1\,000}$ 左右
作业环境条件	于无冰期进行作业,日平均最低环境温度不低于-10 摄氏度
轻载拖航海况	风力不大于 8 级(含 8 级)
沉浮作业海况	风力不大于 8 级(含 8 级); 波高不超过 1.5 米; 潮流 2 节
坐底生存海况	风速 45 米/秒; 波高 5 米; 潮流 2 节; 地震烈度 8 级

"胜利 3 号"坐底式平台作业于渤海湾内浅海区域的埕北油田,该海域风大、浪高、流急,环境条件十分恶劣。为了满足性能指标的要求,设计人员攻克了许多关键技术难关。

(1)自重轻、吃水浅。胜利油田浅海区域海床宏观坡度为 1/1 000 度,即向海中每延伸 1 千米,水深才增加 1 米。为了尽可能进入浅水区域扩大平台作业区,要求该平台轻载拖航吃水不大于 1.8 米,这样在满足钻井作业场地和设备安装需要的前提下,设计人员在合理选取平台主尺度,减轻平台自身重量的同时,在沉垫与上平台之间采用中小垂直立柱连接方式,取消所有斜撑,船体经多次计算和合理选材,减轻了重量。充分利用空间,设备布置紧凑、流程合理,减小管材和电缆用量。建造完工后经测定,该平台轻载拖航吃水恰好为 1.8 米,满足了对平台吃水的要求。

(2) 抗滑移、坐底稳。该平台是通过沉垫内十几个压载水舱进行注水或排水,先使一端下沉着地或一端离底上浮,实现坐底作业或上浮拖离。平台坐底后,要保证能在风力 8 级、波高 5 米、潮流 2 节的海况下安全作业,能在风速 45 米/秒、潮流 2 节的海况下自存。也就是说平台坐底后不应移动,要稳如泰山地坐在海底上。为解决此关键技术难题,在确定尺度时,尽可能降低型深,取消斜支撑,以减小平台所受的波浪力和流力,同时在平台四根外端立柱内各设一根抗滑桩,每根桩长 23.50 米,最大插桩深度 7.2 米,用液压机构进行插拔桩。这些桩承担了平台 2/3 的抗滑力,加上平台正压力产生的摩擦力,实现了坐底的稳定性和安全性。

(3) 破吸力浮起顺利。平台钻井完工需移位时,必须使沉垫离底上浮恢复到漂浮状态。由于该平台沉垫面积达 2 600 平方米,坐底后长时间在平台重载和钻井作业震动力的作用下,沉垫底面和海底泥面紧密接触粘合,产生巨大的吸附力。平台起浮时,仅靠排空沉垫内压载水难以使沉垫一端离底。为减小和克服吸附力,设计人员经研究和多次试验,设计出一种新型的喷头能水平旋转的喷冲装置,安装在沉垫底部,可在泵舱中控制,能消除沉垫底面与海底泥面之间的吸附力,解决了平台平稳上浮问题。这一创新喷冲装置在以后平台设计中被推广应用。

(4) 巧设计调平钻台。钻井作业时必须保证井架天车、大钩、转盘中心三点成一垂直线。尽管作业海域海床宏观坡度为 1/1 000 度,海底面是比较平坦的,但坐底作业后,平台上装载情况和井架负载不断改变,又受风浪流所产生的外力影响,平台坐底不能始终保证水平,会存在一定倾斜度,导致钻台也会相应倾斜,这对钻井是不允许的。

为此设计人员采取在钻台四根支腿上各安装一只高压调平油缸,通过管路和调平阀组来达到"两两"调平油缸头所连成轴线进行转动,设计出使钻台始终能保持水平状态的调平系统。在设计这一装置时,设计人员还创造性地改进了所选用的液压元件,使液压油流工作十分平稳,整个系统操作方便,安全可靠,保证了钻井作业正常进行。

(5)包设计填补空白。以往中国船舶及海洋工程设计研究院设计钻井平台时受限于专业,通常返请用户方承担钻井机械和钻井工艺流程设计。胜利油田此次委托该院自行设计。设计人员在深入学习钻采作业知识的同时,参考以往平台设计资料,进行详细设计,获得了用户认可,填补了船舶设计单位在钻井平台设计方面的空白。

(6)称重器知重量。平台上装有 8 只供钻井和固井用灰罐,每只直径3.5 米,高约 5 米。由于泥浆在钻井过程中不断消耗,重量变化大。以往作业人员采用手工敲击的方式估计尚存灰量,很不精确。设计人员采用电阻应变、荷重传感器、定值器、数字电子秤等,创新研制出一套称重装置,可准确反映罐内灰量,受到用户好评。

"胜利 3 号"坐底式钻井平台于 1983 年 11 月开始设计,1984 年 11 月完成技术设计,1985 年 10 月完成施工设计。平台由烟台造船厂总包建造,中华造船厂分包,经过五年的风风雨雨,在各单位的通力合作下,1988 年 10 月 5 日顺利交船。1990 年"胜利 3 号"获得中国船舶工业总公司科技进步一等奖。

坐底起浮是平台最具危险性的作业过程,较易发生事故,能否在规定的时间内平稳坐底和安全起浮,是对平台性能的重要考验。该平台首次坐底较平稳,共用时 2 小时 42 分钟,比原设计要求在 4 个小时内完成坐底快了1 个多小时。随着操作熟练程度提高,坐底更平稳,时间亦缩至 2 个小时,提高了工作效率。该平台使用至今,一直平稳安全地坐底和起浮,充分证明了设计满足钻井作业要求。

桩西埕北 11 井的作业水深 6～8.5 米,从钻井到完井,曾遭遇三次 8～9 级大风,但只要土质条件合适,插桩深度到位,抗冲刷措施有力,平台始终能稳坐海底正常钻井。又因选用了先进的设备组合,钻井中采用了喷射钻井、优质淡水泥浆、近平衡地层压力钻井技术,大大提高了钻井速度,仅用 14 天就钻达 2 296.7 米,顺利完成了钻井任务,创造了浅海钻井历时最短的纪录。

1988 年 10 月"胜利 3 号"平台建成后,拖至第一口井——桩西埕北 11 井施工,共发现油层 29 层共 108 米,油水层 15 层共 103.4 米,含油水层 12 层共 173 米。1990 年 7 月平台又赴辽河承担 LH10 - 1 - 1 井施工。

"胜利 3 号"平台连续 13 年在辽河进行石油勘探开发钻井作业,发现了辽河亿吨级大油田——辽河葵花岛油田,为我国海洋石油建设作出了杰出的贡献。

2002 年,埕北 CB1 井是"胜利 3 号"与美国 EDC 公司合作的第一口探井,2001 年 12 月 29 日开钻,2002 年 1 月 4 日完钻,设计井深 1 720 米,实际井深 1 750 米,全井测得最大井斜角 0.75 度。

2004 年,"胜利 3 号"平台在大港油田庄海 801 井的施工中,成功钻出定向井,开创了平台从事定向井作业的先河。

2007 年,"胜利 3 号"平台同比年累计进尺、年交井口数、年远距离拖航频次、年度转战海域次数均创历史最高纪录,共完成 9 口探井,总进尺 20 538 米,首次突破全年探井进尺 2 万米大关。

2007 年 8 月,"胜利 3 号"平台在离海滨浴场仅 500 米处钻探了滨海 21 斜 1 井。平台实行清洁、密闭、无泄漏生产,创建了"绿色平台"。

2008 年,"胜利 3 号"平台在大港油田滨海 28 井施工中,创下一系列纪录:大港油田海上探井井深最深、完钻井深 4 762 米、浅海作业一开井眼 318 米、井底井斜 0.9 度。

4."中油海 3 号"坐底式钻井平台

为了加快渤海湾浅海区域的油气勘探开发,中国石油天然气集团有限公司海洋工程公司决定建造坐底式钻井平台。该平台由中国船舶及海洋工程设计研究院设计、山海关船厂建造,于 2007 年 5 月交付使用,名为"中油海 3 号"。后又建造同类型平台"中油海 33 号"。

该平台为坐底式钢质非自航石油钻井平台,平台结构由沉垫、上平台和中间支柱三大部分组成。平台尾部设有 7.2 米长的固定式悬臂梁和 12 米宽的井口槽。钻机可以纵向和横向移动,平台一次坐底可以打 16 口以上丛式井。该平台适用于泥砂质或淤泥质地基表面承载能力很低(泥面以下 1 米处的地基许用承载力 40 千帕)的海域,在无冰区进行钻井或试油、修井作业。在平台艏部设有三层生活楼,可供 110 人居住。楼顶设直升机平台。

该平台入级中国船级社(china classification society,CCS)。设计依据的规范和规则主要有:《海上移动式平台入级与建造规范》《海上移动式平台安全规则》《钢质海船入级与建造规范》《海上石油作业安全管理规定》《中华人民共和国防止船舶污染海域管理条例》以及《中华人民共和国海洋石油勘探开发环境保护管理条例》等。

"中油海 3 号"坐底式钻井平台主要特点如下:

(1)坐底式钻井平台具有结构比较简单,投资较小,建造周期较短等优点,特别适合在水深浅、海床平坦的浅海区域进行油气勘探开发作业。

(2)尾部设计有固定悬臂梁,长度 7.2 米,井口槽宽 12 米,扩大了钻井作业范围,平台一次坐底可以打 16 口以上丛式井。

(3)采用数字化控制。发电机采用全数字化矢量控制,速度调节和电压调节性能达到最佳状态,有功无功可以自动均衡,多机组自动准同步,方便操作及维护,安全可靠性有了较大提高。采用现场总线技术,可将钻机动力、传动状态实现远程显示操作,司钻操作达到智能化。

(4)平台设施齐全,可独立完成钻井、测井、固井、试油及完井作业。

(5)自行设计建造,除柴油发电机组和部分电控设备外,均采用国产设备。

"中油海 3 号"采用了防冲刷、抗滑移、钻台调平、沉垫起浮、交流变频驱动等技术。

(1) 防冲刷技术。沉垫坐落海底后，水流作用产生冲刷和淘空，严重时造成平台倾斜，甚至滑移。如何采取措施防止冲刷和淘空成为坐底式平台的一个关键问题。该平台采用薄沉垫，并在沉垫四周 1.2 米以上做成 45 度斜坡，使水流比较顺畅地通过，以减少冲刷和淘空。

(2) 抗滑移技术。坐底平台需承受风、浪、流作用产生的巨大的水平载荷，仅靠沉垫底面与海底产生的摩擦力和黏结力是不够的。为了抵抗水平载荷以防止滑移，该平台在四角的端立柱内各设置一根截面尺寸为 2 米×1.3 米的抗滑桩，桩长 25.3 米，最大插深 8 米，采用液压插销式升降装置。每根桩最大可产生抗滑力 300 多吨，能有效抵抗滑移。

(3) 钻台调平技术。海床坡度和沉降不均匀会造成平台倾斜，为了使天车、游车、转盘三点保持在同一垂线上，该平台在钻台下面四角各设置一只液压调平油缸，缸径为 400 毫米，推力为 1 864 千牛，油缸柱塞端部为球形结构。调平油缸可以调整钻台倾角 1 度，调平工作完成后油缸用卡箍锁紧，以确保安全。

(4) 沉垫起浮技术。坐底平台沉垫与海底土壤产生黏结力和吸附力，使平台排水起浮时发生困难。为了解决此问题，在沉垫底部设计安装了若干个回转喷冲头，起浮前先用低压头大排量的水流破坏沉垫底部的黏结力和吸附力，使沉垫起浮变得容易。

(5) 交流变频驱动技术。第一次在我国自行设计建造的海洋钻井平台上采用交流变频驱动，在没有经验的情况下，攻克难关，取得了成功。

"中油海 3 号"坐底式钻井平台已于 2007 年 6 月在渤海湾南堡油田开钻，当年打完三口探井，并于 2008 年与澳大利亚 Roc Oil 公司合作在渤海湾进行钻探作业。该平台技术先进，设备齐全，环保安全，经济实用，是目前国内最先进的坐底式钻井平台之一，也是目前世界上最大的坐底式钻井平台之一。除了用于渤海湾浅海区域外，该平台也可用于环境和地质条件类似的其他海域。

第三章
自升式钻井平台

自升式钻井平台,由驳船型壳体、桩腿及升降机构等组成。自升式钻井平台最大特点是移位灵活方便,作业时具有固定式平台的优点,移位时处于漂浮状态,钻探时船型壳体沿支撑于海底的桩腿上升,离开水面。自升式钻井平台作业水深通常在5~90米范围内,最大工作水深可达160米,是近海油气田勘探开发的主要装备。

美国在1869年就申请了自升式钻井平台专利,但直至1954年,世界上第一座自升式钻井平台"德隆1号"才问世。在"德隆1号"建成6个月后,由Bethlehem公司设计的第一座沉垫支撑的自升式钻井平台"嘎斯先生1号"建造完毕。1956年,第一座三腿自升式钻井平台"天蝎号"建成。1963年,第一座斜桩腿式钻井平台"Dixilyn250号"建造完毕。1966年,第一座在北海常年工作的自升式钻井平台"猎户星座号"建成。1969年,第一座自航式钻井平台"水星号"下水。目前,全球共有600余座自升式钻井平台。

20世纪60年代,中国船舶及海洋工程设计研究院为中海油研究设计了国内第一座自升式钻井平台"渤海1号",由大连造船厂于1971年建造完成。随后,我国从国外引进了"渤海2号""胜利5号""胜利6号"等,并自主设计建造了"渤海5号""渤海6号""渤海7号""海洋石油941"等多座自升式钻井平台。

目前我国共拥有自升式钻井平台 38 座,这些平台为我国近海油气开发发挥了重要作用。

第一节　自升式钻井平台特征

自升式钻井平台(见图 3-1)是能够沿桩腿升降的钻井平台,一般为非自航。桩腿既是平台屹立在海上的支柱,又是平台升降的梯子。工作时桩腿下放插入海底,平台被升至离开海面的安全工作高度,并对桩腿进行预压,以保证平台遇到风暴时桩腿不致下陷。因此平台在固定状态下进行钻井作业,完成任务后平台降到海面,拔出桩腿并全部提起,平台在海面成为浮态,由拖船拖到新的井位。自升式钻井平台的作业水深范围为 20～160 米,其成本随作业水深增加而显著增加,同时桩腿结构设计也受到水深限制。

图 3-1　自升式钻井平台

自升式钻井平台海上作业包括拖航就位、升船压桩、钻井完井和降船拔桩等过程。

拖航是指平台作为被拖物由拖船拖带,由某一海域向另一海域转移的状态或过程。拖航分为干拖和湿拖两种。干拖时采用半潜驳船和拖船,先将桩腿全部升到自升式钻井平台船体上并固定,然后半潜驳船下潜,拖船将平台拖到半潜驳船甲板上方,半潜驳船起浮托起平台离开水面。平台在半潜驳船甲板上绑扎固定后,由拖船将半潜驳船拖到作业海域。将平台松绑后,半潜驳船再次下潜,平台呈漂浮状态,由拖船拖出。湿拖时自升式钻井平台的桩腿升到船体之上并固定,船体漂浮在海面上,由拖船拖到作业海域。

当自升式钻井平台被拖到作业海域时处于就位状态。如果只是打探井,则定位要求较低。如果打生产井,需靠近导管架平台,则定位要求较高,就位状态包括初就位和精就位。初就位时,拖船将平台拉到作业区域约 5 海里时,平台降桩准备减速。拖船协助平台调头,使平台船尾对准导管架靠船一侧。精就位时,拖船协助放锚,使锚泊系统精确就位,平台船尾两根锚链提供拉力,靠近导管架,平台船首锚链和拖船连接调整方向。

自升式钻井平台就位后开始升船压桩。自升式钻井平台的压桩,是将桩腿下面地基的承载力预先压到风暴状态时所要求的地基承载力,避免极限环境条件下桩腿出现不均匀下沉,造成平台倾斜和倾覆事故发生。压桩一般是靠平台自重和压载水的重量实现的。浪高、潮汐、入泥计算曲线是影响压载方法和措施的重要因素,需要操作者权衡各方面风险才能做出相对安全的决定。压桩方式分为三桩同时压桩和单桩压桩两种。若压桩入泥计算曲线明确存在刺穿风险,必须使用单桩压桩方式。通常推荐的单桩压桩顺序是平台船首桩腿、右舷侧桩腿、左舷侧桩腿。压载完成后,一般要观察 3 小时。

当自升式钻井平台压桩升船作业完成后,即可按一般的钻井作业程序进行钻井作业。

平台在一个井位完成作业后,需要通过降船拔桩将平台恢复到漂浮状态,以便移动到下一个井位。首先将船体降到水面,然后依靠船体的浮力将桩靴从泥中拔出。当桩靴入泥较深时,为了顺利拔桩,拔桩前一般先进行冲桩,利用高压水冲掉附在桩靴上的泥土,以消除桩靴底部的吸附力。

第二节　升降系统

自升式钻井平台主要是由平台船体、桩腿、钻井系统和升降系统等部分构成,其中升降系统是自升式钻井平台的关键部分,同时亦是平台设计制造的难点。升降系统安装在自升式钻井平台的桩腿和平台主体的交接处,通过升降装置驱动平台主体作上下运动,满足海上平台作业需要。目前升降系统的驱动形式最常用的有顶升液压缸式和齿轮齿条式两种。

(1)顶升液压缸式升降系统。顶升液压式升降系统装置主要技术特点在于销子、销孔、活动圈梁和顶升液压缸等。顶升液压式升降原理是:在每一桩腿处设两组液压驱动的插销和一组顶升液压缸,当装在圈梁上的一组圈梁销插入到桩腿的销孔中时,由一组顶升液压缸同步动作即可使圈梁及销子带动桩腿(或平台主体)升降一个节距。然后进行换手,即将固定销推入到桩腿的销孔中,退出圈梁销,液压缸和圈梁复位,开始下一个工作循环。

顶升液压式升降系统(见图3-2)的升降动作完全通过液压系统驱动和控制,所以这种驱动方式具有能吸收振动、工作平稳、安全可靠等优点。同时采用销子和销孔配合,升降时销子和销孔之间不存在相对运动和摩擦力的问题,所以对桩腿的制造工艺要求较低。但顶升液压式升降系统由于工作时是通过间断步进式升降的方式来实现的,所以升降速度比较慢,操作比较烦琐,工作效率低。

(2)齿轮齿条式升降系统。所谓齿轮齿条式升降系统就是在平台的每根齿条上设置几个与之啮合的小齿轮,齿条及其对应小齿轮数量根据平台所要求

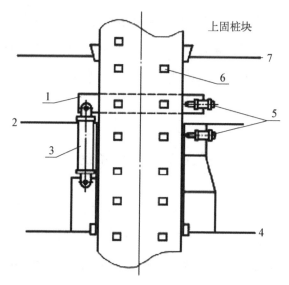

图 3-2 顶升液压式升降系统

1—圈梁；2—平台主甲板；3—顶升油缸；4—平台主
体底板；5—锁紧销(带油缸)；6—销孔；7—升降室顶板。

的举升能力和平台总体要求确定。通过桩边电动机或液压马达驱动齿轮减速
箱,将动力传递给与齿条啮合的小齿轮,带动平台升降。

齿轮齿条升降系统从动力驱动上又可分为液压马达驱动和电机驱动两种
方式。虽然两种升降驱动方式在设计上均能达到平台在各种工况下所要求的
基本技术指标,但液压驱动还具有电机驱动所没有的优点:① 液压系统本身
具有一定的弹性,再通过在系统中附加蓄能器,使系统在启动和停止时具有一
定的减震性能,无须增加其他减震设施;② 易于调节速度,通过设置双速液压
马达,可使升降系统针对不同的载荷采用不同的速度,最大限度地节省了平台
升降的时间;③ 采用大扭矩、低转速的液压马达可减小减速箱的传动比,从而
减小其尺寸和造价。

从操作方式及故障率来看,两种驱动升降方式均需设置集中控制台和桩边
控制台,在集中控制台内设置可编程逻辑控制器(programmable logic controller,
PLC)进行控制作业,可实现所有桩腿同时控制、手动单桩控制和紧急制动。由

于液压驱动相对电机驱动故障率较高,因此液压驱动必须设置专家诊断系统。此外,液压驱动还需设置液压泵站。

综合液压驱动与电机驱动各自的优缺点,两种方式各有利弊。其中电动齿轮齿条式升降系统具有升降速度快、操作简单和易对中井位等诸多优点,同时考虑到海洋环境条件相对比较恶劣,平台升降所需时间长短对于平台安全性非常重要,同时平台升降时间也与平台就位费用密切相关,所以电动机驱动系统已成为目前自升式钻井平台升降系统的主流形式。

第三节 自升式钻井平台设计

自升式钻井平台的主要特点是桩腿升降作业和悬臂梁钻井作业,这些特点给总体方案和结构设计带来很大困难,我国研发设计人员主要从以下方面开展自升式钻井平台的设计。

1. 总体方案的确定

自升式钻井平台的船体采用模块化设计与施工,加大甲板主尺度和作业面积,增大可变载荷和钻井物资储放能力。一方面,将平台生活区移到船首,采用挑出式与包络式设计,既可减少悬臂梁钻井作业发生事故时对船员造成的伤害,也可以腾出甲板中部空间给作业堆料;另外,悬臂梁悬挑出作业时,会使平台整体重心往船尾移动。平台生活区的前移,可以减少平台重心的后移量,减少左舷与右舷桩腿轴力的增加量。

根据设计输入要求的甲板面积以及生活区容量,初步确定平台型宽和型长,并结合功能需求进行初步的总体布置。在初步方案阶段根据机械设备的布置需求以及电缆和通风管系的布置等确定平台的型深,同时结合自持力要求,确定各类液舱的舱容和位置。型深的确定还须满足浮态时干舷的要求以及为平台拔桩提供足够的储备浮力。

平台总体布置初步完成后,将经过初步估算的桩腿布置到平台上,并对平台的重量和重心进行初步的统计估算。根据平台重量和可变载荷指标,确定平台的设计吃水,根据平台的整体重心,调整桩腿的位置,使桩腿形成的几何中心位置尽量与平台的重心接近。平台船体的浮心位置也应尽量与平台重心接近,这样可大幅减少在平台进行升降操作前的调载准备工作,提高作业效率。另外,为了最大程度地发挥升降装置的能力,应考虑使平台不计桩腿、桩靴的船体部分重心位置尽量保持在桩腿的几何中心附近,从而保证进行升降作业时每条桩腿及升降装置的受力基本一致。

初步方案确定后,进行桩腿强度校核和性能校核,根据校核结果进一步调整甲板主尺度并优化舱室布置,不断接近最优甲板主尺度。由于一般的自升式钻井平台为非自航平台,拖航航速有严格的考核要求,因此,在船型确定前,一般需要开展船体模型的水池拖曳试验,尤其需关注桩靴对阻力的影响。有研究表明,如果桩靴外置,船体所受阻力将较桩靴收进船体时增加50%。因此,大部分的设计方案是将桩靴收进船体内。

2. 桩腿和桩靴型式选取

自升式钻井平台主要由平台船体、钻井系统、升降装置、桩腿和桩基等组成。

平台船体主要用于布置各种舱室,安放各种机械设备,提供生产作业和生活的场地,并在拖航过程中提供浮力,以保证拖航的稳定性。

升降装置安装在桩腿和平台主体交接处,其作用主要有两个方面:一方面,驱动升降装置能使桩腿和主体做相对的上下运动;另一方面,当平台上下运动到桩腿某一位置后,将平台固定在桩腿上,对平台起到支撑作用。

自升式钻井平台的升降装置既要满足拖航移位时强度方面的要求,又要满足作业时着底稳性和强度的要求,是保证平台在钻井、风暴自存等工况下安全作业的最关键设备,直接影响到平台的安全及其使用效果。

自升式钻井平台的船体依靠桩腿的支撑得以升离水面,使平台处于固定的钻井作业状态。桩腿需支撑平台的全部重量和经受各种环境载荷的作用。自升式钻井平台的桩腿主要有两种结构型式：整体式和桁架式。整体式一般采用 3～4 根圆柱桩腿，外径为 2～10 米，可采用液压或气动进行升降；桁架式桩腿为桁架结构，一般为 3～4 根，其截面可以是三角形或正方形，通常采用齿轮齿条式升降装置。圆柱式桩腿结构最大的优势在于体积较小，占用较少的甲板面积，且因建造工艺比较简单，适用于作业水深浅的海域。桁架式桩腿结构由弦管及撑管构成，通常使用于水深较大时的海域。

自升式钻井平台的桩基有沉垫式与桩靴式两种。沉垫式将自升式钻井平台的所有桩腿固定在一个桩基系统上。沉垫式桩基结构主要有两大优势：① 面积更大，因此所受轴向压力小于桩靴结构，这在土质不能承受较大轴向压力时显得尤为重要；② 在漂浮拖航模式下，沉垫式桩基也参与提供浮力，提高了钻井平台的载重能力。

沉垫式桩基结构的主要缺点为：① 不适用于不平坦或具有较大斜面的海底。倾斜海底使桩基结构及桩腿受到较大弯矩，抵抗如此大的弯矩需要相当坚固的桩基结构。② 沉垫式桩基结构在海底铺有管线等其他物件时不适用。③ 在拖航到指定地点进行降桩作业时，桩基内必须充水；而桩基充水顺序必须严格按照规程才不至于产生大的倾斜力矩以致降低稳性。当需要重新升起桩腿时，桩基内的水必须泵出。

桩靴形状为带尖头的锥形结构。这种设计可以增大桩腿与泥土的接触面积，在减少入泥深度的同时保证足够的承载力，并降低插拔桩的难度，有利于改善平台的移动性。现役的平台桩靴还有长方形和正方形等。带有独立桩靴的桩基结构的桩靴数量与桩腿数量相同。桩靴式桩基结构最大的优势在于能够适应不同的海底地形。除此之外，桩靴的压载并没有严格的顺序要求。目前，主流自升式钻井平台多采用桩靴式桩基系统，避免了在软土层地区作业时桩腿插入太深影响作业深度，同时也提高了插桩和拔桩作业时的安全性。

3. 升降系统设计

升降系统是自升式钻井平台的关键系统，是平台与桩腿之间力传递的主要构件,与平台的安全性、可靠性息息相关,其性能的优劣直接影响平台的安全和使用效果。目前升降系统主要有绞车＋滑轮组式、液压油缸顶升式、齿轮齿条式三种形式,根据平台的作业要求和水深,选择合适的升降系统可以取得良好的经济效益。

(1)绞车＋滑轮组式升降系统主要由摩擦卷筒绞车、桩腿顶部滑轮组、桩腿底部滑轮组、升降室、两组高强度钢索和导向装置等组成闭合拉力系统。一组钢索一端固定在绞车上的端部索节上,缠绕在桩腿的顶部滑轮组和升降室旁边的平衡轮上,最后到绞车;另一组钢索一端固定在绞车底部的压板上,缠绕在桩腿底部的滑轮组和升降室旁边的平衡轮上,最后回到绞车上。当需要桩腿下降时,下端钢索出绳,上端钢索收绳,桩腿下端的滑轮组和与之匹配的平衡轮组合承受桩腿重力,上端滑轮组提供向下的压力,桩腿就沿着导向向下运动。当桩腿插入海床后,桩腿顶端的滑轮组继续压迫桩腿向下运动,平台受到向上的抬升力,通过一定的动、定滑轮组组合,可以把平台抬离水面。反之,下端钢索收绳,顶端钢索出绳,桩腿下端的滑轮组对桩腿有一个向上的抬升力,上端滑轮组承受平台重力,靠平台重力沿着桩腿向下运动。

绞车＋滑轮组式升降系统操作方便,适合平台的频繁升降,经济性是几种升降系统中最好的。但此种升降系统的抬升能力有限,同步性较差,抗水平载荷差,因此使用范围也受到了一定的限制,主要适用于水深小于 20 米的海域。这种水域风浪小,环境载荷要求不高,桩腿主要承受垂向载荷,工作时不需要把船体抬离水面太高,或者不完全抬离水面就可以满足作业定位要求。

(2)液压油缸顶升式升降系统主要有顶升油缸、固定环梁、移动环梁、插销和平衡器等组成。它是利用液压油缸中活塞杆的伸缩运动带动环梁上下运动,用锁销将环梁和桩腿锁紧使桩腿升降。上部固定环梁通过拉力杆与平台甲板连接,下部移动环梁借助顶升油缸与上部环梁连接,能相对平台上下移动。桩腿上设置有销孔,用销子插入销孔中,当下插销脱开销孔时,依靠顶升油缸活塞的伸缩,移动环梁能相对于桩腿上下移动,当油缸活塞向上收缩则带动移动环梁向上提升一个油缸行程,再将下插销插入桩腿销孔。同理,可将上插销脱开,当油缸活塞伸展时,以移动环梁锁销为支点,推动上环梁,使其向上提升,从而带动平台提升。这种升降系统的动作犹如猴子爬树。液压油缸顶升式是断续升降,每次只能升降一个顶升油缸行程,中间需要重复上下锁销的插入和拔出,升降速度较慢。对液压阀件要求较高,但它不需要复杂的变速机构,体积小,传动效率高,控制比较灵活,比较经济。液压油缸顶升式升降系统一般和圆柱形桩腿或者方形桩腿配合使用,但这两种桩腿使用的水深一般都不超过60米,因此液压顶升式升降系统一般应用在60米以下的自升式钻井平台上。

(3)齿轮齿条式升降系统主要由电动机、减速齿轮箱、爬升小齿轮等组成。与桩腿上的齿条啮合完成升降功能。齿条作为桩腿结构的一部分安装在桩腿上,升降系统安装在与平台本体结构相连的固桩架上,使爬升小齿轮与桩腿上的齿条啮合,通过电机驱动爬升小齿轮来达到升降的目的。

齿轮齿条形式的升降系统适应性强,可广泛应用于桁架式桩腿、圆柱形桩腿,作业水深可达150米,相对于液压油缸顶升式,升降速度快,可连续升降,操作灵活,维修方便。但是,它需要庞大而复杂的变速机构,体积大,对齿轮和桩腿上的齿条材料和制造工艺要求高,造价也是三种升降系统中最高的。从经济性能方面考虑可采用绞车+滑轮组式和液压油缸顶升式两种升降系统,但目前齿轮齿条式升降系统是自升式钻井平台升降系统设计的主流选择。

锁紧装置主要包括锁紧基座、垂直螺旋升降机、水平螺旋升降机、齿形楔块和下导向。它布置在船体底部到主甲板这段桩腿井口的距离,其箱型基座结构与平台主体融为一体,这种结构形式较简单,能有效地减少建造施工的难度,便于安装维护。

齿轮齿条式升降系统的锁紧装置使用液压马达作为动力元件,液压马达通过联轴器与螺旋升降机蜗杆相连,螺旋升降机蜗杆-涡轮螺-丝杠推杆机构可以将液压马达的回转运动转化成推杆的移动,因而液压马达的正反转动可以驱使丝杠推杆的伸缩。

一套锁紧装置设有两个齿形楔块、四组水平螺旋升降机、四组垂直螺旋升降机,分别以弦杆齿条为中心,左右对称。齿形楔块的后面开有 T 形槽,水平升降机的推杆头嵌在 T 形槽中;垂直升降机的推杆端面直接顶在齿形楔块的上、下面上;同时还有挡板和垫块的限位作用使得齿条楔块只能在一定范围的平面内纵向或横向移动,以保证对桩腿弦杆齿条实施锁紧动作。使用螺旋升降机的优点是可以利用其机械自锁功能实现齿条楔块和弦杆齿条的锁紧,同样因为螺旋升降机的自锁功能保证楔块不会在平台或桩腿升降过程中与桩腿弦杆齿条干涉打齿。锁紧工作过程:当桁架桩腿升降到一定位置需要锁紧时,先通过垂直螺旋升降机推动齿形楔块进行纵向调节,使齿形楔块齿牙对准弦杆齿条齿隙,然后再通过水平螺旋升降机推动齿形楔块进行横向调节,达到锁紧目的。

4. 桩腿结构设计技术

新一代自升式钻井平台的桁架式桩腿多采用超高强度钢、大壁厚、小管径的主弦管与支撑管,以减小水阻力与波浪载荷。一般采用具有高强度、高刚度的"X"与逆"K"形管节点,并减少节点数量。在逆"K"形水平撑管上多采用叠加式节点,以提高节点抗剪强度。

在自升式钻井平台上普遍采用三角桁架式桩腿,即使用 3 根主弦杆与若干水平及斜撑杆焊接而成。主弦杆由 2 个半圆形管和中间的齿条板构成。根据斜撑杆的分布形式又分为 K 形、X 形等结构形式。该类平台较多采用 K 形三角桁架式桩腿进行优化计算,对桩腿强度在所有可能出现的工况(自存、作业、预压)下进行分析,确定桩腿的尺度。

自升式钻井平台受风、浪、流等海洋环境因素影响显著。在外载荷作用下,平台产生摇荡运动,在桩腿上产生较大的惯性载荷,会对桩腿强度产生较大影响。因此,对于桩腿的强度考核需特别注意拖航时的极限工况。

5. 稳性校核

自升式钻井平台在拖航情况下,升起的桩腿不仅使平台重心升高,还导致受风面积显著增大,直接影响自升式钻井平台稳性。在钻井平台设计过程中,要准确预报风倾力矩,保证稳性计算结果满足标准要求。平台需满足入级船级社和挂旗国的法规要求。在拖航过程中,平台需要足够的稳性来承受近海拖航工况和远洋拖航工况下 360 度全方向的风荷载作用。目前,相关规范规则对稳性标准都有规定。另外,稳性的校核主要与平台的复原能力和所受的风载荷有关,复原能力主要与平台静水力模型有关,而建立的风载荷模型是否准确直接影响到稳性的计算精度。

自升式钻井平台外形轮廓比较特殊,计算稳性和风倾力矩时需要考虑 360 度全方向,然后求出最危险角度下的极限重心高。在计算过程中一旦出现稳性标准问题,应该适度降低初始重心再次进行计算。反之,在所有横倾角度下稳性都满足标准且留有裕度,则应该适度提高初始重心高,反复进行计算,直至求出与标准值无限接近的极限重心高。

定义破损舱室是计算破损稳性的关键,舱室破损范围主要根据相关船级社规范要求以及舱室水密完整性进行定义划分。如该平台尺寸比较对称,可单独选取左舷或右舷,然后再进行破损舱组定义,且通过计算表明,边舱破损对重心高度起决定性作用。

6.悬臂梁技术

自升式钻井平台的钻台已经从早期的槽口式发展到当今的悬臂梁式,大大提高了钻井效率。目前悬臂梁已发展成可移动式。即悬臂梁伸出钻井船体艉部,移到导管架平台位置,并坐落到导管架平台顶部进行钻井作业。此技术使得自升式钻井平台可以在有风暴的情况下,更安全、更高效地进行钻井作业。如 MSC 软件公司研发的 X-Y 悬臂梁,钻台保持在悬臂梁中心,由滚式支座实现整体沿纵向与横向移动,两侧主梁承受相同的荷载,最大悬挑 27.4 米。在悬臂梁悬挑 27.1 米及其移动范围内,具有均匀的 1 400 吨可变载荷。

此外,荷兰 Huisman 公司发展出概念新颖的旋转型悬臂梁,它通过径向与环向滑轨实现移动,有与 X-Y 悬臂梁类似的可移动范围内均匀的可变载荷,旋转型悬臂梁的可变载荷没有 X-Y 悬臂梁大,但旋转型悬臂梁可以在甲板上抬高,以增加甲板的可用面积。

第四节　我国自升式钻井平台发展

在自升式钻井平台设计领域,我国的发展较欧美发达国家起步较晚。从20 世纪 60 年代开始,我国打破国外封锁,自行建造了我国第一座自升式钻井平台"渤海 1 号",获得 1978 年全国科学大会奖。改革开放以来,我国的海洋装备迎来了一个发展高潮。从国外引进了 12 座自升式钻井平台,购进了 5 座二手平台,并自主研发了"渤海 5 号""渤海 7 号""港海 1 号"等自升式钻井平台。进入新世纪,我国船厂和设计院抓住了世界海工装备市场新一轮需求的机遇,设计建造了"中油海 5 号""中油海 6 号"等自升式钻井平台,并开展了"SJ350 自升式钻井平台"课题的研究,目前我国共有 38 座自升式钻井平台。

1."渤海 1 号"自升式钻井平台

我国第一座自升式钻井平台是 1972 年自主研究设计建造的"渤海 1 号"自升式钻井平台。

"渤海 1 号"于 1967 年由中国船舶及海洋工程设计研究院完成设计,1971 年在大连造船厂建成交船(见图 3-3)。该平台总长 60.4 米,总宽 32.5 米,型深5 米,井槽尺寸 10.5 米×10.8 米,作业水深 30 米,最大钻井深度 4 000 米,满载排水量 5 700 吨,吃水 3.3 米。4 根圆柱形桩腿,直径 2.5 米,长度 73 米,为摩擦支承桩。该院设计了液压油缸升降横梁插销式升降机构,每桩举升力1 600 吨。甲板可变载荷 1 400 吨(包括大钩载荷),自持能力 30 天,定员 90 人。"渤海 1 号"是新中国成立后,在国内工业基础落后的情况下,完全凭借自身力量完成设计、建造的首座正规化海上钻井平台,其设计和建造成功,打破了世界上少数国家的技术垄断和封锁。它适合于渤海湾近海的石油钻井作业,该平台

图 3-3 "渤海 1 号"自升式钻井平台

在渤海湾钻井 50 余口,经受了 10 级风浪和唐山地震的严峻考验,其设计和建造重量达到了较高水平。

"渤海 1 号"自升式钻井平台的研制过程充满了艰辛和困难。为了勘探和开发我国丰富的石油资源,国家提出勘探、开发祖国大陆架石油资源的要求,向大海要石油,就迫切需要海上石油钻井平台。但是,国内从未造过,世界上只有为数不多的几个国家能设计制造这种平台,中华人民共和国化学工业部(以下简称"化工部")把设计钻井平台的重任委托给了中国船舶及海洋工程设计研究院,并以信赖的态度说:"我们相信,你们一定会设计出我国自己的海上钻井平台。"

设计钻井平台的任务是艰巨的。像这种复杂的特种船舶,科研人员不仅从来没有设计过,也没有看见过,困难是显而易见的。中国船舶及海洋工程设计研究院党组织及时召开了动员大会,阐明了设计任务的政治和经济意义。科研人员一致表示,一定要克服困难,多快好省地把钻井平台设计出来,为祖国争光,为人民争气。

　　设计一开始,大量的难题就出现在面前,这种海上自升式钻井平台,由工作平台、桩腿、升降机构三部分组成。钻探前,先依靠升降机构将桩腿插入海底,使工作平台升离海面,由四根桩腿支撑着工作平台,然后在海上钻探。工作平台上有高达 50 米的钻塔、吊重 30 吨的起重机,以及动力设备、钻探器材、生活设施、燃料、淡水等,总重量约 4 600 吨。这样重的平台要能在海上自由升降,绝不是轻而易举的事。四根桩腿,每根直径 2.5 米,长 73 米,不仅吊装困难,而且插桩拔桩要求高,当它在海底插桩固定时,每只桩腿需要 1 800 吨压力,拔桩时,每根桩腿需 1 100 吨提升力。而最使人担心的是,工作平台升起时,从插在海底的桩腿底部到钻塔的塔顶,高达 95 米,相当于 30 层楼高。这样的庞然大物,靠四根桩腿凌空架于海面之上,还要求在最大风浪下保证安全,不能产生位移或侧倾,如何保证符合这些要求? 一连串的矛盾,对桩腿、升降机构、固装架等提出了研发和设计等方面的难题。

　　在矛盾复杂、头绪纷繁的情况下,科研人员没有被困难吓倒,梳理出主要矛盾为:根据钻井平台的任务和要求,保证钻井平台升起固定、安全作业,钻探结束后能顺利拔出桩腿,降下平台。就是说,要能“升得起,站得稳、拔得出”。设计人员为了解决这些主要矛盾,进一步调查研究,从其他工程中寻找解决问题的经验,突破平台设计中的难关。

　　“升得起”,关键是升船机构的液压控制系统。我国建造成功的万吨水压机,液控系统与升船机构有何共同之处? 中国船舶及海洋工程设计研究院的设计人员走访了万吨水压机的设计制造者,向他们学习丰富的实践经验。

　　“站得稳”,与一般水上建筑物一样,要承受风、浪和涌的作用力。平台要求能抗渤海地区 50 年一遇的大风浪,而海洋气象资料积累却不到 20 年,怎么办? 他们走访了几十位曾航行于渤海海域的老船长、老海员,把回忆的数据和实测记录进行对比核实,获得了可靠的依据。桩腿插进海底与桥桩有相似之处,设计人员就向南京长江大桥建桥工人和技术人员请教。

"拔得出",桩腿插入海底 18 米左右,泥沙的吸附力相当大,怎么拔出来呢?研发人员知道冲水可以破坏泥沙的吸附力,但冲水压力要多大呢? 这和钻井中的水泥固井有相通之处,他们走访了钻井工人,终于确定了冲水压力的数据。

闯过一道道难关,完成了研究设计,施工建造的考验在等待着他们。施工设计是在大连造船厂进行的。他们采用设计单位、使用单位、建造工厂"三结合"的形式,齐心协力,共同攻关。平台桩腿每根长达 73 米,重 260 吨,厂里的起重机吊高、吊重能力都无法承担,设计院和船厂研究了一种"蚂蚁啃骨头"的办法,把每一根桩腿分成三段,利用工厂现有设备,首先吊装 58 米长的第一分段,其余两个分段运到试验现场,利用平台本身的起重机,在升船过程中,升一段,安装一段,顺利地闯过了难关。为了确保升降安全,需要一种迅速、精确地指示平台水平度的倾斜仪,当时没有适用的倾斜仪可供选用,研究人员深入研究了倾斜仪的特点,利用物理学的连通管原理,设计出简便、适用的连通管式水平倾斜仪。平台需要在零下 20 摄氏度的低温下工作,钢材必须耐低温,通过与鞍山钢铁集团有限公司、武汉钢铁集团有限公司的科研人员共同研究,试制出了国产优质高强度低合金钢,耐低温性能完全符合要求。就这样,中国船舶及海洋工程设计研究院的科研人员,抱着对党对人民极端负责的精神,进行了一次次科学试验,闯过一个个难关,"渤海 1 号"钻井平台总装成功了。此后又进行了钻井试验,钻出的井口符合标准。

自升式钻井平台靠升船机构将桩脚插入海底,使平台主体升离水面不致因风浪扰动而产生运动,从而保证钻探工作能够平稳地进行。在移位拖航过程中,台体浮在水面又有如驳船。因此,在设计中就必须兼顾海工建筑与浮船的特点。当年这种钻探平台还在初兴阶段,各国都未曾制定规范,国内又没有母型可供参考,再加上有些专业如土壤、地基、海底冲刷等对于船舶设计者来说是完全陌生的,所以"渤海 1 号"的设计具有很大的探索性。

根据"渤海1号"钻井平台作业海域的环境条件和海底地质,确定了"渤海1号"的技术形态和主要参数如下:

(1)采用单桩插进式自升钻井平台。这是考虑到沉垫式搁置在淤泥层上,受风力和波浪力作用时容易产生滑动移位,而且由于海底冲刷可能造成沉垫底部土壤局部淘掏空的事故。从减少波浪作用力及冰层推挤力上看,桩腿应是越少越好,但三桩式不便预压地基,故采用四桩式。为减少单桩波力,提高局部抗压能力,桩腿采用圆筒型。

(2)经估算,升船后桩腿需支持重量约4 600吨(不计桩腿自重)。考虑偏载及风、浪、流水平力引起的桩腿荷载增量,取单桩最大升力1 600吨,地基预压载荷1 800吨。估计到拔桩困难,采用高压冲水以消除吸附力。

(3)为了使升船后波浪不拍击船体,船底距静水面的间隙(气隙),取为9.0米。

(4)为减轻自重并保证低温工作所需的低温冲击韧性,船体及桩脚均采用国产902低合金钢材。

虽然升起作业是自升式钻井平台的主要状态,但决不应忽视它的浮态特性,特别是它的稳性及摇摆性能。这类船由于拖航时桩腿收上,重心较高,容易发生倾覆。在遭遇波浪摇摆时,桩腿及固桩结构都将承受因船体倾斜而产生的自重横向分力与惯性力组合的交变载荷。这可能带来灾难,导致桩腿及固桩结构破坏。设计"渤海1号"时,设计人员吸取了其他工程船舶(如起重船)的经验,解决这方面的问题。

此外,由于船型特殊,阻力也与一般船舶相异,有其特殊之处。为了建造的方便,平台线型一般都是方箱型,"渤海1号"钻井平台也是如此,仅在艏部做些削斜稍减少阻力,并在艉部开一个9.6米×11.0米的槽口以供安装钻塔。值得一提的是,设计线型时要使浮心与以各桩脚为顶点组成的多边形型心重叠。这样在收、放桩脚时船体不致为防止浮心变化产生纵、横倾而增加调平的工作量。

由于船型特殊,中国船舶及海洋工程设计研究院做了1∶50的船模,进行了满载状态的阻力及横摇试验,以测试和改善"渤海1号"钻井平台移位拖航状态的阻力性能和耐波性。1972年6月,"渤海1号"由大连用5 300马力拖船拖往塘沽,历时两昼夜,拖航速度5～6节。在拖航中观察到的一个有趣现象是在宽阔的船首前端数米处有一个孤立波峰领航前进。迎浪时波浪一般并不拍击船首而是与该孤立波峰碰撞,激起的浪花甚至溅越甲板室顶部,但艉部甲板波及甚微。"渤海1号"钻井平台设计中还考虑了一些自升式钻井平台特有的问题,例如,升船后冷却系统、卫生系统使用的海水供应,油、水舱暴露在大气中的防冻绝缘,井口区的防爆措施,井喷的消防逃生措施等,都考虑了专门解决方案。

"渤海1号"钻井平台的建成,使我国拥有了开发海洋资源宝库的基本装备,在我国海洋油气装备研发历程中具有里程碑的意义,它与我国第一颗人造卫星"东方红1号"飞入太空同处一个时代,被誉为我国的海上"东方红1号"。它于1978年获全国科技大会科技成果奖。

2. "渤海5号"和"渤海7号"自升式钻井平台

渤海石油公司①在总结"渤海1号"钻井平台多年使用经验的基础上,设计了40米自升式钻井平台,1983年由大连造船厂建成"渤海5号"(见图3-4)和"渤海7号"两座自升式钻井平台。总长76米,总宽46.6米,型深5.5米,井槽尺寸11米×8.4米,作业水深5.5～40米,满载排水量6 400吨,吃水3.5米。钻井装置(包括动力设备和起重设备)从国外进口,最大钻井深度6 000米,平台一次定位可以打9口井。4根圆柱形桩腿,直径3.0米,长度78米,为摩擦支承桩,采用液压插销式升降机构,每桩举升能力1 800吨。甲板可变载荷1 950吨(包括大钩载荷450吨)。自持力20天,定员86人。设有17.2米×21米的直升机平台,具有中国和挪威船级社(Det Norske Veritas,DNV)双重船级,是渤海石油公司的主力平台,成功地打了多口井。值得一提的是,该平台

———
① 现名为中国海洋石油有限公司天津分公司。

59

图 3-4 "渤海 5 号"自升式钻井平台

的升降机构做了重大改进,设计了双移动环梁插销式升降机构,解决了"渤海1 号"钻井平台液压升降机构不同步的问题。多座"渤海"系列自升式钻井平台在渤海湾海域进行钻井作业,极大地促进了渤海湾海洋油气田的开发。

3."港海 1 号"自升式钻井平台

"港海 1 号"(又名"中油海 1 号")是一座超浅吃水的自升式钻井平台。该平台是"八五"国家重大技术装备攻关项目"海滩—浅海移动式勘探钻井装备和固定开发装备的研制"子课题中的研制课题产品成果。课题由中国船舶及海洋工程设计研究院、中国石油天然气集团有限公司和大港油田共同研究攻关,平台产品由中国船舶及海洋工程设计研究院设计和大连造船新厂建造。从1991 年项目立项至1998 年平台建成交付,漫长的 7 年多岁月里,其研究设计的艰辛历程令人难以忘怀。

根据物探及地质资料表明,海滩和与之毗邻的海图水深 0～2.5 米极浅海海区的油气资源十分丰富。大港油田所管辖的渤西海滩和海图水深 0～2.5 米极浅海海区环境工况条件非常恶劣,主要特征是:淤泥层厚、地表承载力低、海床平坦、回淤严重,潮差大、风暴潮频率高、受冰期影响大等。采用修筑海堤和人工岛方法虽能解决部分海区勘探钻井问题,但投资高、风险大,而不能充分开展勘探。常规自升式钻井平台因吃水深无法进入该海区。坐底式钻井平台在此海区作业将会发生掏空、滑移。因此,该海区的环境条件给勘探、开发作业带来很大困难。为解决此海区的钻井装备难题,中国船舶及海洋工程设计研究院和大港油田经过调研和分析,认为以自升式组合气垫钻井平台为主,再配以运载与牵引装备所组成的滩海钻探装备系统可解决此难题,并联合向国家申报攻关项目。1991 年 1 月在北京由国务院重大办组织专家评审通过,该项目正式列入"八五"国家重大科技攻关项目。

　　该项目是集自升式钻井平台与气垫技术于一体的、具有高难度、开拓性很强的新技术,属国内外首创。此项目主要有以下 7 项技术攻关内容:

　　(1) 研究选择合理工况条件、参数。

　　(2) 总体布置与动力装置研究。

　　(3) 平台结构重量工程研究。

　　(4) 桩腿、升桩机构与插、拔桩研究。

　　(5) 高压、高效气垫升系统研究。

　　(6) 吊装与搬迁工程研究。

　　(7) 高垫压围裙系统试验技术研究。

　　项目立项后,项目承担单位做了分工,第 1 项、第 6 项与钻井工艺流程相关部分由大港油田负责,其余均由中国船舶及海洋工程设计研究院负责。中国船舶集团有限公司和中国石油天然气集团有限公司的领导对该项目很关心,并大力支持,中国船舶及海洋工程设计研究院担任本项目的技术主管单位,并抽调技术骨干组成项目组。在攻关过程中,项目组人员多次去自升式钻井平台考察,现场实测;与平台上各类人员座谈,听取意见;到滩海现场实地了解环境条件等做深入调研。广泛收集资料,进行了大量的计算和分析,以模型试验来验证推论和计算结果。中国船舶及海洋工程设计研究院还派有关技术人员赴俄罗斯、德国及荷兰等国进行考察和技术交流,了解国外气垫技术和自升式钻井平台的技术。该项目的各种汇报、协调会、交流会等大小会议开了近百次,以求得共识,使该项目前期的研究内容通过了国家验收。

在工程设计阶段前,用户要求平台及早建成投产,气垫升降移位系统缓装。为此向国务院重大办申报项目工程设计调整方案。1996年国家正式批准由中国船舶及海洋工程设计研究院进行设计,大连造船新厂于1998年3月建造完成。同年11月,"港海1号"自升式钻井平台在渤西极浅海区域打成第一口工业井。完成拖航、定位、插桩、预压、举升平台、钻井、完井、拔桩等全部作业,同时对平台的强度、振动、噪声进行测试。结果表明,主要性能均达到设计指标,满足极浅海域油气勘探要求。

"港海1号"自升式钻井平台为单甲板、单底、箱形、全焊接钢质非自航自升式钻井平台,平台长度66米,宽度36米,型深4米,吃水仅1.5米,作业水深0~2.5米(海图水深),最大钻井深度4 500米,井槽尺寸13.5米×4米,一次定位可以打3口井(纵向排列),最大升船高度(离海底泥面)11.3米,最大升船载荷3 327吨,最大甲板可变载荷830吨(不包括大钩载荷320吨)。4根圆柱形桩腿,直径2.1米,长度43.5米,为摩擦支承桩,设计最大插桩深度22米(海底泥面以下)。自主创新设计新型液压驱动单工作环梁插销式升桩机构,采用PLC控制,额定起升载荷950吨,预压载荷1 200吨。平台自持力10天,定员76人。

2000年2月在大港油田召开了"八五"国家重大技术装备攻关项目"港海1号"自升式钻井平台成果鉴定会议。鉴定委员会一致认为:"港海1号"超浅吃水自升式钻井平台,解决了渤西极浅海区域恶劣工况条件下的钻井作业难题,填补了国内外空白,达到了国际先进水平。

该平台主要创新点如下:

(1) 重量轻、吃水浅。

(2) 平台桩腿结构合理,插拔桩容易。采用新型液压驱动单工作环梁插销式升桩机构,结构紧凑,操作方便。

（3）平台结构采用优化的骨架系统支持的薄壁结构,独特的主桁结构形式,重量轻,强度和刚度好。

"港海1号"自升式钻井平台投入使用以来,已在滩海和极浅海区打井20多口,经济效益和社会效益十分显著。

4."中油海5号"和"中油海6号"自升式钻井平台

2005年10月,受中国石油海洋工程有限公司委托,中国船舶及海洋工程设计研究院和胜利油田钻井院合作开展了"中油海5号"和"中油海6号"自升式钻井平台的详细设计。胜利油田钻井院主要负责总体性能、钻井系统、平台主体结构的设计,中国船舶及海洋工程设计研究院主要负责轮机、电气、舾装、舱室、空调和生活楼结构的设计。这两座自升式钻井平台由青岛北海船舶重工[①]建造,于2007年完工交付。

该平台是一座独立桩腿的自升式钻井平台,钢质,非自航,由平台主体、桩腿、升降系统三部分组成。平台主体为箱形结构,平面形状接近三角形,带有悬臂梁系统。该平台设三根圆柱形桩腿(带桩靴),艉二艏一,采用电动齿轮齿条升降系统。

该平台的主要任务是在水深40米范围内的渤海湾海域或类似海域进行石油钻探作业。该平台适用于7 000米深度内的石油钻探作业,具备钻井、固井和辅助试油等能力。作业于水深4.5～40米(含天文潮和风暴潮)泥沙质或淤泥质海域。该平台为无冰区作业。

该平台设计上突破了船体、轮机、电气、外舾装以及舱室等方面的关键技术难关。

在船体方面,由于桩腿起重能力的限制,对总重量的控制是该平台设计时关注的重点。中国船舶及海洋工程设计研究院承担的生活楼结构设计的关键

---

① 青岛北海船舶重工有限责任公司。

技术就是对重量的控制。根据规范设计,尽量控制板厚和构建尺寸的取值,既满足结构强度,又具有较好的刚度,以提高生活楼的舒适性。

在轮机方面,主要考虑压载水系统、液位遥测及四角吃水和阀门遥控系统等。该平台有17个压载水舱,3台海水提升泵可直接通过海水总管向各压载舱注水,各压载舱也可自流排水。压载水管系阀件采用气动遥控蝶阀。可由计算机根据压载程序遥控操纵泵与阀门的开/闭(停),以满足该平台压柱工况的需要。各压载水舱及海水舱等设小轴舱底放泄装置。为了便于了解各液体舱中的液位变化,并在拖航及到达井位时显示平台四角吃水情况,该平台设有气电转换式液位遥测装置,在集控室能及时显示及报警。该系统是由气电多点数字液位智能单元显示表、测量箱、吹气/压力传感器、吹气装置、油雾分离器、液压阀、水分离器、阀件和管系附件等组成。该平台对压载系统、主发电机组冷却系统、消防系统、泡沫灭火系统等管路中的阀门采用气动遥控。气动遥控阀门可分别在中央控制室和集控室操纵。

在电气方面,采用六脉冲的变频系统对转盘、泥浆泵和顶驱实施调速,采取以下措施抑制六脉冲的变频系统的高次谐波对平台的其他通信和控制系统的干扰:① 对六脉冲的变频系统的供电电缆采用加强屏蔽型特殊电缆,即屏蔽层的截面积大于主导体的1/2;② 弱信号的通信和控制电缆与调频的电力电缆分开铺设;③ 调频的电力电缆和弱信号的通信和控制电缆均采取严格的接地措施。

在舾装方面,从方案设计开始即对重量估算,到设计完成对重量进行了多次核算,最终完全满足任务书要求,在舾装设计过程中,风暴锚是否配备成了关键问题,因总体布置原因,钢丝绳方案布置困难。如果配备风暴锚,则需要配备锚链,重量大幅增加,且系统重心位于舾桩附近,大大增加了对舾桩的压力,在升船状态下舾桩的压力最大,直接影响该平台可变载荷。另据规范,自升式钻井平台是否配备风暴锚由船舶所有人和设计者决定。后经多方论证,在风暴情况下采用拖船比采用风暴锚更能保证平台安全,最终取消了风暴锚的配备。

按照规范要求该平台需配备两套拖曳设备。如果按照常规配备两套一样的拖曳设备,在大风浪时主拖缆万一断裂,拖船无法与平台靠近,备用拖缆就无法与拖船连接。该平台备用拖缆的短缆由较长的高分子强力绳代替钢丝绳,等强度的高分子强力绳较钢丝绳轻便、柔软,较钢丝绳可漂浮长度长。操作时用抛绳器与拖船取得连接,绳的另一端连接于高分子强力绳,以达到备用拖缆在较恶劣海况下仍能与平台安全连接。

在直升机平台设计过程中发现了 CCS 平台规范要求与中国民航局[①]151 号令相关规定有矛盾的地方。经与船检沟通,由于直升机平台使用需通过民航管理部门最终检验,所以确定按照中国民航局 151 号令设计。

在舱室设计方面,根据胜利油田钻井工艺研究院和船舶所有人提出生活楼中结构重量和内装重量控制在 340 吨以下的要求,对甲板敷料,防火、绝热材料、阻尼材料等均采用相对轻质材料。生活楼设计完全满足各类规范、公约对钻井平台的要求,自重也满足总体设计和船舶所有人的要求。"中油海 5"和"中油海 6"自升式钻井平台的设计为后续平台的设计打下了基础。

该平台为我国自行设计、建造的第一座电动齿轮条自升式钻井平台,填补了我国在电动齿轮条升降自升式钻井平台设计、建造方面的空白,为我国浅海石油的开发提供了一种经济、安全的海洋装备,拥有自主知识产权,具有重大技术、经济和社会意义。

5. SJ350 自升式钻井平台

近年来,我国骨干船企开始向高技术、高附加值的海工装备业务进军,中国海洋工程装备市场影响力逐渐扩大,一些龙头企业在钻井平台等主流钻采设备总装方面挑战旧有格局,并取得了一定突破。以海工产业中流行的自升式钻井平台为例,我国在 2013 年承接了近 40 座项目,首次超过了新加坡。这些项目基本上都是购买国外设计公司的基本设计,其核心技术并未被我国所掌握。因

———————————
① 中国民用航空局。

此,开发建造拥有自主知识产权的自升式钻井平台已迫在眉睫,这既是国家能源战略的需要,也是我国海工企业发展壮大的需要。

为此,国家工业和信息化部(以下简称"工信部")、财政部 2014 年 11 月 28 日下发了工信部联装[2014]507 号文《工业和信息化部财政部关于高效混合对转推进系统及节能装置示范应用开发等 13 个项目立项的批复》,由上海外高桥造船有限公司承担其中的《自升式钻井平台品牌工程(Ⅰ型)》项目。

该项目主要的研究内容如下:

(1) 平台总体性能优化研究。通过对国际上主流自升式钻井平台相关图纸消化吸收,对自升式钻井平台主体尺度、波流载荷、总体性能、总体形态及总体布置等进行深入分析研究,切实掌握自升式钻井平台总体形态、主体尺度确定的方法和原则,掌握总体方案规划的思路和特点;掌握自升式钻井平台漂浮稳性、站立稳性、水动力计算以及平台运动预报等核心关键技术,完成目标平台的总体设计。

(2) 平台主体结构轻量化设计和桩腿结构优化设计。在满足结构强度的前提下,对桩腿结构进行优化,合理控制重量、降低建造成本。通过对平台主体结构的轻量化设计和桩腿结构的优化,提高其在同类平台中的竞争力。

(3) 平台悬臂梁及钻台优化设计研究。悬臂梁和钻台是自升式钻井平台的关键部分,其总体布置直接影响钻井作业的流程和效率,其结构重量和可变载荷对总体性能影响较大。通过对国际主流自升式钻井平台的比较研究,优化悬臂梁和钻台总体布置、结构型式,深入分析、计算、研究其结构受力,掌握悬臂梁、钻台总体布置、结构设计、计算及优化的关键技术,完成目标平台悬臂梁和钻台的设计。

通过该项目的研究,开发一款拥有完全自主知识产权、具有当今国际先进水平的 SJ350 型 350 英尺自升式钻井平台(见图 3-5),实现 350 英尺自升式钻井平台的品牌工程建设,并将该平台推向中东、墨西哥、东南亚、我国近海等国内外市场,对标自升式钻井平台国际主流品牌,使平台的主要技术性能指标达到或超过同类国际品牌产品,全面提升平台适应性、作业效率、经济性、安全性、环保性等,掌握自主设计建造核心技术,推动关键系统和设备的国产化应用,承接系列化建造的工程订单,增强我国在自升式钻井平台设计及建造领域的国际竞争力。该项目的研究任务已经完成,并经有关部门评审验收。

图 3－5　SJ350 自升式钻井平台效果图

第四章
钻井船

钻井船是设有钻井设备,能在多点系泊定位或动力定位状态下进行海上石油钻井作业的专用船舶。它是船式钻井平台,即在机动船或驳船上布置钻井设备。钻井船的优点是移动方便、快速,缺点是受波浪影响大,稳性差,作业难度相对较大。钻井船早期形式为钻井驳船,多用旧船改装,如驳船、矿砂船、油船等,只适用于浅海风浪较小的海域。现代钻井船为专门设计,钻井和生活设施都在船上,能自航并有向大型化发展的趋势,移动灵活、适应水深大、甲板可变载荷大,自持能力强。

钻井船的功能设备可简单地分成三大基本部分:钻井模块、动力模块、生活模块。钻井模块集中在钻井船中部,主要因为定位系统和船舶稳性的影响,水下设备和钻杆需通过船舶摇摆幅度最小的船中开口的月池下放入水为好。动力模块集中在艉部,推进器分布在船的艏艉,为钻井船航行及钻井模块设备提供足够的能源。生活模块集中在艏部,大型的钻井船的容纳居住人数可超过200人。艏部配备直升机平台。为减少营运费用及加强安全,现阶段新式钻井船主要采取紧凑型设计,双井架;甲板可变载荷可达 15 000 吨;工作水深 4 000 米。

钻井船具有自航能力,移动性能好,能够迅速调遣;具有较大的水线面面积,甲板可变载荷较大;大多数具备动力定位功能,工作水深不受限制;储存能力大。因此,钻井船在海洋油气钻探领域有非常重要的地位。

1955 年,世界上第一艘钻井船"CUSS Ⅰ"诞生,该船由一艘大型甲板驳船改装而成。1962 年,世界上首艘新建的钻井船"CUSS Ⅱ"建成交付,随后钻井船进入发展阶段。钻井船是适应当时海洋开发的需求、钻井装备设计建造的能力以及投资额交集的产物,其发展可分为 3 个阶段,即 20 世纪 70 年代中期至80 年代初期、1997—2001 年、2009 年起至今。目前,全球共有 100 多艘钻井船,主要由日本和韩国建造。

1974 年 5 月我国第一艘钻井船"勘探一号"正式出海试钻,该船由两艘货船拼接改装而成。2015 年 8 月我国建造的深水钻井船"大连开拓者"号由大连中远船务工程有限公司建造完工。2009 年,2010 年上海船厂船舶有限公司(以下简称"上海船厂")为国外船建造两艘第六代钻井船"Bully 1"和"Bully 2"号。2014 年 11 月我国建成首艘拥有全部知识产权的深海钻井船,命名为"华彬OPUS TIGER1"号,我国已逐渐打破日本、韩国长期以来在钻井船建造领域的垄断,对保障我国海洋石油资源开发具有重要意义。

第一节　钻井船特征

钻井船(见图 4 - 1)是具有船形结构的海上钻井平台。典型的钻井船除了具有一艘大型海船所需的结构及设备外,甲板中部还要布置钻井作业平台及井架,作业平台下面还有贯通船体的月池结构,可由此收放钻杆进行钻井。因为船形的结构对波浪的运动比较敏感,易受海况影响,而钻井作业时船体与钻孔之间有立管和钻杆连接,所以依靠定位系统控制船体运动和保持船体姿态是非常重要的。常用定位系统有多点锚泊定位和动力定位两种。

钻井船分为常规钻井船和超大型钻井船。常规钻井船长度 150～180 米,不足以跨过 5～6 个平均海浪波长,更易受风浪影响,在波浪中的运动性能较差。超大钻井船尺度与大型油船相似,达 300 米或更长,跨过约 12 个平均海浪

图 4-1　钻井船

波长,因而其在波浪中的运动性能较好。超大型钻井船的市场价值在于它可以布置双井架系统,能减少30％的钻井时间,兼有早期油田开发和多井并行钻探的特点,还具备更强的钻井功能。这些功能需要配置更多的设备或设备升级来处理超重或长期承载情况。如果它能同时钻两口井,那么相应地就必须有两套钻井系统,即绞车、立根盒、压井管汇、立管和钻具舱、三缸泵组、泥浆池等都是原来的两倍,同时双井架对月池尺寸的要求也是与井架相对应的。

　　与普通船舶相比,钻井船的系统组成纷繁复杂,供钻井作业用的各系统之间需相互协调,以保证钻井作业有序、顺利地进行。钻井船上钻井作业用的系统包括钻井系统、泥浆循环净化系统、固井系统、测井系统、试油系统、井口系统、定位系统、升沉补偿系统、动力系统、起重系统和救生系统等。

　　钻井系统:指直接从事钻井的设备与机具,主要包括钻井架、天车、游动滑车、大钩、软管、钻头、钻管(或钻杆)、转盘及绞车等。

　　泥浆循环净化系统:用于泥浆的循环,使钻管和钻头得到冷却和润滑;

同时,泥浆可以保护井壁和带出钻屑,也可以对井口产生一定的钻压,对防止井喷有一定的作用。此系统包括泥浆泵、振动筛、除砂器、除气器、灰罐和搅拌器等。

固井系统:用于向套管与井壁之间的环状间隙内灌注泥浆,以加固井口和封井,包括水泥泵、真空泵、灰罐和搅拌器等。

测井系统:用于测量油层厚度和油层在地表下的确切深度,以及油气压力、温度、成分(含蜡、酸、硫等),包括电测绞车、显示屏、记录仪等。

试油系统:用于测定油、气的日产量,其中包括测定槽、火焰燃烧器等。

井口系统:包括井口底座,采油树防喷器等。

定位系统:使钻井船在停靠、作业时位置保持在一定范围内,分为系泊定位和动力定位。

升沉补偿系统:由于在钻井作业时,立管等深入海底,与井口相连,同时钻头在钻进时要保持一定的钻压,为保证钻井器具和井口的安全及钻井作业的顺利进行,要求钻井船在钻井作业时升沉运动幅度不能过大。该运动补偿系统包括球接头、伸缩接头、井架运动补偿器等。

动力系统:一般用柴油发电机组、钻机和泥浆泵,多用直流电,其他设备常用交流电。

起重系统:起吊各种物资和补给品。

救生系统:在失事及火灾时保证工作人员能安全地撤离钻井船及水面燃烧区,包括防火救生艇、吊艇架等。

钻井船与其他海洋平台相比,由于具有一般运输船的船型,移动灵活,停泊简单。同时,它的水线面面积较大,船上可变载荷(即隔水套管、钻管、钻井用水、泥浆、泥浆材料、水泥等钻井作业所需消耗的器材重量)的变化对船舶吃水的影响较小。钻井船的排水量和船内舱室空间一般较大,能装载数量较多的作业器材和消耗品,且可放置在舱内较低的位置,使重心降低,不会显著影响船舶稳性。钻井船还可利用旧船进行改装,相对半潜式平台而言,投资少,维护费用低。但钻井船对波浪运动的响应比较大,抵抗恶劣海况的能力较差,故其只能在海况较为平稳时作业。当海上风浪大时,只能停止钻井作业,工作效率较低。

第二节　动力定位系统

动力定位是钻井船、半潜钻井平台以及像"三拖"供应船等海洋油气开发装备都采用的重要配套系统。

钻井船的主要功能是进行海上油气勘探钻井作业。为了保护钻井隔水管及下部的球形接头,钻井船的船体运动应限制在一定的范围内,这就对钻井船的定位性能提出了很高的要求。钻井船的定位方式有多点锚泊定位和动力定位两种,近几年新建的钻井船中,以配备动力定位的钻井船为多,主要因为此类钻井船具有快速投入作业、快速撤离的优势。

动力定位系统是一种闭环的控制系统,能不断检测出船舶的实际位置与目标位置的偏差,再根据风、浪、流等外界扰动力的影响计算出使船舶恢复到目标位置所需推力的大小,并对船舶上各推进器进行推力分配,使各推进器产生相应的推力,从而使船尽可能地保持在海平面上要求的位置上。20世纪70年代后期,动力定位已经成为一门较为成熟的技术。有资料显示,1980年具有动力定位能力的船舶的数量大约为65艘,至1985年为150艘,至2002年在役的动力定位船已超过1 000艘(未计及可移动式钻井平台),目前全世界已有2 000多艘船舶具有动力定位能力。海洋油气资源的勘探开发是动力定位系统发展最主要的推动力。现在,动力定位系统被安装在多种类型的海上作业船上,以满足相应的海上操作需要。这些海上作业主要有:海底钻探和取芯,油气开采,管道或线缆铺设及维修,安装吊装,穿梭油船装卸,潜水支持,供应补给,科考和调查,救助和消防,挖泥等。动力定位系统还被安装在邮轮以及其他一些需要海上定位的特殊船上。动力定位之所以能在这些不同作业环境中得到广泛应用,是因为动力定位有着锚泊定位所不具备的优点,同时它的劣势也不容忽视。表4-1列出动力定位的主要优缺点。

表4-1 动力定位的主要优缺点

优 点	缺 点
1. 完全靠自身产生的推力定位,不需要依靠外部设备 2. 能够在任何水深条件下工作 3. 定位方便快捷 4. 船舶的机动性高,易于操作 5. 对外环境改变能做出快速响应 6. 避免锚链和锚破坏海底设备的危险 7. 避免与其他船舶或平台锚链缠绕 8. 满足一些特殊功能需求,如固定轨迹移动、水下机器人跟随等	1. 较高的建造成本和维护成本 2. 当设备发生故障时会丧失定位能力 3. 燃料消耗高,使用成本高 4. 推进器对潜水员和水下机器人存在潜在危险 5. 在极其恶劣的环境下或浅水大潮时可能失位 6. 需要更多人员去操作和维护设备

现在,动力定位系统被安装在多种类型的船上并且能够适应多种海上操作的需要。动力定位系统的应用主要在以下几个行业:

(1) 近海石油和天然气工业。安装在近海辅助船、钻探设备和钻探船、穿梭油船、电缆和导管铺设船、浮式生产储运单元、海洋调查船以及多用途船等上。

(2) 船舶制造业。船舶所有人除了要求安装传统的自动驾驶系统外,还要求安装更多的自动控制系统,包括辅以导航系统的自动轨迹控制系统(含低速和高速)。另外,更多精确的按气候定航线和计划的系统被要求安装。将来,自动停靠系统以及在限制水域里采用动力定位系统的精确定位系统会得到更多的应用。

(3) 游艇快艇业。某些游艇和快艇也需要采用自动定位系统。某些水域有大量的珊瑚礁,不能采用锚泊定位,只能用动力定位系统来定位。在某些港口和限制水域,有时也需要进行精确的定位。

动力定位系统(见图4-2)主要由以下三部分组成:① 位置测量系统,测量船舶或平台相对于某一参考点的位置。② 推力系统,一般由数个推进器组成。③ 控制系统,首先根据外部环境条件(风、浪、流)计算出船舶或平台所受的扰动力;其次由此外力与测量所得位置,计算得到保持船位所需的作用力,即推力系统应产生的合力。

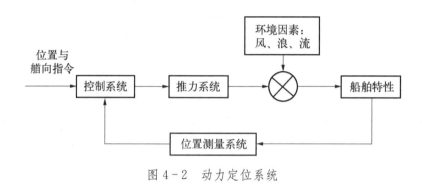

图 4-2　动力定位系统

1) 位置测量系统

一艘动力定位船舶能否顺利执行一项或几项任务,取决于动力定位系统所用的位置测量系统。以足够的速度和精度获取所需的信息,以便控制系统计算出推进器指令,使船舶完成预定的任务。控制系统所需的信息包括船舶位置、艏向以及外部干扰力的信息。一个精确可靠的船体位置反馈是确保闭环控制系统正常运行的基本要求。动力定位系统需要一个合适的位置测量系统在全部工作时段提供所需的全部测量信息。一般把定位系统所采用的不同的测量系统分为位置参考系统和传感器系统。

(1) 常用的位置参考系统。

① 全球卫星定位系统(global positioning system,GPS)。水面船舶的最常见的导航系统是美国的 Navstar GPS 系统,能够覆盖全球。另外一种卫星导航系统是俄国的 GLONASS 系统,只能覆盖某些地区。对区域作业,使用差分全球卫星定位(difference global positioning system,DGPS)系统可以达到米级的精度,使用车载 CDGPS 可以达到分米级的精度。广域增强系统(wide area augmentation system,WAAS)的发展,可以在整块大陆上达到米级的精度。当使用卫星导航系统时,为了得到可靠的位置信息,至少有四颗卫星是可以看见的。如果船舶进入遮蔽区域,则不能得到冗余信号,易引起船舶位置信息的

丢失。另外电离层干扰、水面的反射等都将降低位置测量的准确性。

②　北斗卫星导航系统。北斗卫星导航系统是由中国自主建设、独立运行的全球卫星导航系统,由空间段、地面段和用户段三部分组成。空间段由若干地球静止轨道卫星、倾斜地球同步轨道卫星和中圆地球轨道卫星组成;地面段包括主控站、时间同步/注入站和监测站等若干地面站,以及星间链路运行管理设施;用户段包括北斗及兼容其他卫星导航系统的芯片、模块、天线等基础产品,以及终端设备、应用系统与应用服务等。北斗卫星导航系统可在全球范围内全天候、全天时为各类用户提供高精度、高可靠定位、导航、授时服务,并且具备短报文通信能力,已经初步具备区域导航、定位授时能力,定位精度为分米、厘米级别,测速精度为 0.2 米/秒,授时精度 10 纳秒。

③　水声位置参考系统。在海底的固定点安装一个或多个应答器,并在船体安装一个或多个发射器,就可以确定船的位置。该位置测量系统的精度主要由水深及发射器与应答器的距离来决定。水声位置参考系统可细分为短基线系统和长基线系统。

④　张紧索位置参考系统。用来测量船舶在漂浮状态下的相对位置。该系统由一个安置在海底的重载荷组成。重载和船通过一根钢索连接起来,钢索的一端连在船上的绞车上,通过绞车使钢索保持恒定的张力。测量钢索两端的角度以及钢索的长度,通过求解 3 个几何方程便可以得出 3 个未知量。

其他的位置参考系统包括微波系统[如 ARTEMIS、MICRORAGER、MICROFIX、无线电波系统(如 SYLEDIS)、光学系统(激光)以及立管角位置测量系统]。

(2) 传感器系统。

①　电罗经和/或磁罗经,用来测量船舶的艏向。

②　竖直参考单元,用来测量垂荡、横摇和纵摇量。一般也可以得到相应的角速度。它的一个主要的作用是用来调整通过 GPS、HPR[①] 等系统得到的横

_____

①　水声位置参考系统,hydroacoustic position reference。

摇和纵摇位置量。对于深海的动力定位操作,横摇纵摇的量必须非常精确,提供给 HPR 做修正。

③ 惯性运动单元,包括陀螺仪和 3 个方向的加速度仪,能够测量船体坐标系中纵荡、横荡和垂荡的加速度、横摇、纵摇和艏摇的角速度以及相应的欧拉角的角速度,与滤波器(或观测器)一起使用,可用来处理 DGPS 或者 HPR 的测量值,得到比较精确的速度值。

④ 风传感器,用来测量风速及风向角。

⑤ 吃水传感器。

⑥ 流传感器和浪传感器。

2) 推力系统

推进器是动力定位系统的一个组成部分,用于产生力和力矩,来抗衡作用于船上的干扰力和干扰力矩。动力定位系统中所用的推进器一般有两种形式:

(1) 侧推器或称首推器。它是将一螺旋桨安放在一孔道中,孔道可以安置在船体的任意位置。一般孔道垂直船体的中心平面。

(2) 方位推进器。它是一个可以改变螺旋桨轴在水平面上方位的推进器。一般为带有导管的导管螺旋桨。螺旋桨是可调螺距的。推进器性能的估算建立在敞水性能的基础上,它由模型试验得到(也可以用理论方法计算)。

3) 控制系统

航海船舶上最老的"控制器"是舵手,他通过观察仪表(传感器的输出)操纵舵轮和控制船舶的调速系统,来控制航向、船位和船速,以求达到预定的结果。舵手在执行控制机能时,读取传感器的输出,将其数值与预定值作比较,发出操舵和调速指令,使船尽可能靠近所希望的位置,此时的控制指令是舵手凭经验心算的结果。

在需要动力定位的场合,尤其是需要长时间在某一固定位置进行作业的情况下,将舵手改换成自动控制系统,可以降低对操作人员的要求,并可以达到较好的控制效果。动力定位系统最初的控制器和一般的自动控制系统一样,也是模拟系统。随着数字技术和微处理机的发展,尤其是计算机硬件和软件业的发展,设计一套完整的动力定位控制软件,辅之以性能良好的配套硬件(如各种测量设备、推进设备等),也就成为可能。

动力定位系统的控制系统是一种多回路反馈控制系统,其主要功能包括:① 处理传感器信息,求得实际位置与艏向;② 将实际位置和艏向同基准值相比较,产生位置的偏差信号;③ 计算抵抗位置偏移所需要的恢复力和力矩,使偏差的平均值减小到零;④ 计算风力和力矩,提供风变化的前馈信息;⑤ 将反馈的风力和力矩信息叠加到误差信号所代表的力和力矩信息上,形成总的力和力矩;⑥ 按照推力分配逻辑,将力和力矩指令分配到各个推进器;⑦ 将推力指令转化为推进器指令。

同时,它还起到下列重要作用:补偿动力定位所固有的滞后,以免造成不稳定的闭环动作(稳定性补偿);消除传感器的错误信号,防止推进器做不必要的运动(推进器调制)。控制方式有下述两种:① 如果控制系统是用船的瞬时位置与所要求位置的偏差作为输入来求得所需的推力大小和方向,这种控制方式就称为后反馈;② 如果能知道每一时刻作用在船体上的环境力的大小和方向,控制系统中所要求的推力由已知的环境力来确定,则这种控制方式称为前反馈。

动力定位系统的设计包含如下步骤:

(1) 控制能力和模拟。在设计阶段,通过静力和动力分析,验证安装在船上的电力容量和推进器能力是否能够满足使用要求。对静力分析,仅考虑风浪流所引起的慢变力的影响,需要以下数据项:

① 船舶主尺度,如排水量、型长、型宽和工作吃水。

② 跟方向有关的风力流力和波浪慢漂力系数,用来计算相应的力和力矩。

③ 动力定位船工作区域的最恶劣海况,包括风速、流速、有义波高等。比较重要的参数是波浪周期和波浪的统计描述,一般是通过波谱公式来求得,如Jonswap谱、Pierson-Moskowitz谱等。一条比较重要的规则是用来抵消静载

荷的螺旋桨的推力不应超过其最大推力的80％。20％的裕度用来抵消动载荷的影响。静力分析的结果可用控制能力图来表示。一般来说,20％的裕度设计是比较保守的,因此最好结合动态模拟(在时域上),最终还要考虑推力分配方案、螺旋桨的固有动态性能、禁止的方位区域以及整个的控制回路。传统的控制能力模拟中,一般忽略功率限制的影响,而实际上功率限制是引起动力定位系统失效的一个重要的原因。考虑功率限制的性能分析对设计发电站也有指导作用,如要多少电力总线、每根电力总线承载多大电力、每个螺旋桨跟哪一些总线相连等。

(2) 可靠性和冗余性。从安全性角度来看,动力定位系统可分为四个子系统。每个子系统可以进一步细分。

① 第一级:电力系统。第二级:发电系统、配电系统、激励级,等等。

② 第一级:推进系统。第二级:主螺旋桨、导管推进器、方位推进器。

③ 第一级:位置控制系统。第二级:计算机和输入/输出系统、人机界面、不间断电源等。

④ 第一级:传感器系统。第二级:陀螺仪、位置参考系统、风传感器。

从底部开始,给定每个基本系统的可靠性,结合考虑每个级别的冗余性,通过统计方法可以算出整个系统的可靠性和可用性。

在可靠性分析中,每个单元都用以上特征量来描述,则可以计算出整个系统的可靠性。

在项目的初始阶段,改变设计方案不会开销很大;若在项目进行时改变设计,将导致很大的花费。在整个项目交付使用以及海上试验阶段,一点微小的系统改变将引起整个项目的推迟以及增加额外的费用。因此,在整个设计阶段,应该采用不同的可靠性方法来分析整个系统的可靠性,判断设计上是否有差错,减小整个系统的风险。图4-3为双重冗余定位系统结构。

(3) 失效分析。比较通用的方法是故障模式和影响分析。这是一种定性分析技术,可以比较系统地分析系统可能的失效模式以及相应的对系统、任务

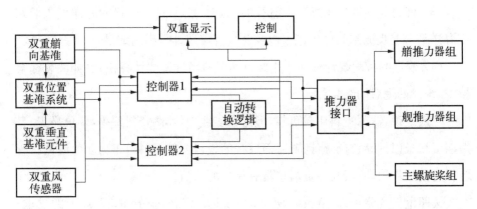

图 4-3　双重冗余定位系统结构

和人员的影响。该分析可进一步发展为临界分析,能够根据可能性以及相应的后果来界定故障的级别。

第三节　钻井船设计

钻井船作业水深较深,适应的环境条件较为恶劣,船上配备的设备和系统较为复杂,在布置空间和重量控制上都有较高的要求,较大的月池开口对船体结构强度、运动性能和阻力性能带来很大挑战,我国研发设计人员主要从以下方面开展钻井船的设计。

1. 钻井船作业环境条件适应性

作业环境条件是钻井船的船体和关键设备设计的基础,当前的海况资料来源可划分为以下几类:

(1)器测资料包括各种仪器在海上实地测量的和在飞机、卫星上遥测的波浪资料。

(2)后报资料指利用历史上有关风的资料,通过各种公式或计算模式推算得到的波浪资料。

（3）目测资料包括在海洋中航行的"志愿"船和固定设置的海洋气象船站或海洋平台上观测到的原始记录以及经过直接统计得到的结果。

（4）改进的目测统计资料指原始目测资料经过某些计算模式（如波候综合模式）统计处理后的结果。

一般地说，器测资料比较可靠，但是在实践中，器测资料稀少，代价昂贵，且短期资料难以推断长期统计特性；而后报的或目测的资料对于大多数海域已有较长时间的积累，故后几种资料也具有相当的价值。

按照世界气象组织（World Meteorological Organization，WMO）的要求，航行在海洋中的"志愿"船每日定时地观测记载当时的海洋气象要素并以电码形式发送报告，称为船舶天气报告（以下简称"船舶报"）。这些记录先经船舶所在国的气象部门集中，进一步按观测时的海区交由 WMO 规定的 8 个责任成员汇总整理。一条船舶报记录中除时间、地点外，还包括风、气压、温度、波浪等物理气象要素。

20 世纪 80 年代以前，船舶报中的波高和周期均是目测的，它们的统计值与器测结果的一致性如何缺乏较有说服力的检验、比较。为了充分利用众多的船舶报数据，英国海事研究所（NMI，后改名为 BMT 公司）的霍格本于 20 世纪 70 年代提出了波候综合模式理论，即借用风速与波高联合分布的参数化模式，以数量更多且较可靠的风速资料导得波高分布。上述模式中的参数或是由一些典型的器测站资料得出的几组固定值，或是用当地船舶报中风与浪联合观测数据分析得到的随具体海域而变的数值。如今，上述波候综合模式除推算波高分布外，还包括导算波高与周期的长期联合分布，该模式命名为 NMIMET。BMT 公司借用这一模式和现时积累得到丰富的船舶报资料，出版了《全球波浪统计集》。目前多数钻井船的海况资料来自该波浪统计集。

2. 钻井船总体方案论证

对每个具体的油藏，钻井作业的流程都不同，而且在实际钻井作业中，也会出现各种预期不到的问题，从而偏离和更改前期制订的作业流程。大致而言，套管序列可选择为：762 毫米（30 英寸[①]），508 毫米（20 英寸），346 毫米（133/8 英寸），244.5 毫米（95/8 英寸），和 177.8 毫米（7 英寸）。

目前性能先进的钻井船使用双井架作业模式。双井架是将两个单井架并列成一个整体，因此内部的作业空间是单井架的两倍，同时有两套独立的游动滑车，有两个提升系统，两个顶驱，两个管具处理系统，同时也有两个井口。但两个提升系统和顶驱有主辅之分，一个为主，最大提升荷载要大一些，另一个为辅，最大提升荷载稍小一些。双井架的两个井口可以同时互不干涉地作业，因此在作业效率上有很大提高，尤其是井深不深时，效率提高尤为明显。

钻井船的船体可以按照标准的系列分类，同一系列的钻井船主尺度基本一致。由于每个系列的设计理念以及业主的特殊要求，船体的主尺度不尽相同，尤其是钻井船发展到第六代和第七代，深水和深井对钻井船的甲板可变载荷能力提出了更高的要求，为此而一味地加大船体尺寸意味着初始投资和运维成本的大幅增加。因此，近年来出现了一些钻井船的一体化设计方案，旨在减缓船体大型化的步伐，主导钻井船的紧凑型设计。

3. 船型及主尺度论证、总体布置论证

根据近年已设计和建造的近 80 条钻井船的调研，对其可变载荷和钻井深度，以及可变载荷和船体尺度之间的关系进行研究，可以发现以下规律：

（1）可变载荷。为了达到钻井 12 000 米，传统型布置的钻井船的可变载荷介于 20 000～23 000 吨之间。

（2）船长。在可变载荷为 20 000～23 000 吨之间时候，已有建造记录的第七代钻井船的船长介于 227～254 米之间。

（3）船宽。船宽介于 36～42 米之间。

（4）型深。型深介于 17.8～19.0 米之间。

（5）吃水。吃水介于 11.0～12.8 米之间。

---

① 英寸为长度单位，1 英寸＝2.54×10^{-2} 米。

钻井船总布置是一个工艺流程确立、功能区块划分、系统布置规划、设备参数落实、结构设计协调等综合设计过程，是钻井船总体设计的重要内容之一。不但对钻井船的作业性能有十分重要的影响，而且也是后续设计和计算的主要依据。通常在方案构思、船型、尺度、技术形态等要素确定时就需对总布置做初步规划，绘制总布置草图，以配合水动力性能、稳性等性能计算和总体方案的确定。在注意其构造、用途、作业等特殊要求的同时，遵循以下基本原则：

（1）满足作业要求，以钻井船的功能目的为核心和基本出发点，合理布置钻井设备，确保钻井作业的方便和高效。

（2）考虑操作成本。

（3）确保稳性、水动力性能等技术性能，这是钻井船安全运营的根本。

（4）妥善考虑钻井船的各部分重量分布，注意钻井船的重力平衡、合理性与施工工艺。

（5）防火及防爆等安全问题至关重要，在初步规划总布置时即要避免或降低在危险区域中布置机械、电气等设备所引起的安全隐患和成本费用增加。

（6）与主尺度、结构形式、系统要求等综合考虑。

（7）尽可能大的操作空间，确保安全和高效，注意设备维护及升级的空间，适当为钻井新技术的应用和钻井船的功能扩展预留空间，并关注岩屑处理等环保问题。

（8）相关设计指南和标准。

钻井船总体布置上分为传统钻井船和紧凑型钻井船。传统钻井船的总布置特点是生活楼在船首，主机舱在船尾；隔水套管放在甲板上；井架采用桁架形式。随着钻井船作业走向深水，钻井船的可变载荷能力要求越来越高，随之而来的是钻井船越来越向大型化的方向发展，这样就推高了建造成本和后期的运行成本。

紧凑型钻井船是基于降低建造和运行成本的考虑，重新优化总体布置，在不影响钻井船操作和性能的前提下减小船体主尺度。紧凑型的钻井船都采用了 Huisiman 公司的双面多功能钻井塔架（dual multi purpose tower，DMPT），

DMPT 是一种箱型结构而非传统的桁架结构,这种钻塔能实现传统井架的全部功能,并且在井口操作和钻杆操作的便捷性上比船体井架更有优势。

紧凑型钻井船设计的指导思想有:

(1) 把钻井所需的设备和材料,如泥浆泵、泥浆池、钻杆等放到甲板以下的位置,这样能降低重心,并增大甲板有效面积。

(2) 优化压载舱体积和压载形式,以增加钻井船的装载能力。

(3) 采取创新的方式堆放钻杆和套管等,钻杆和套管的堆放通常和它们的自动抓取相关,若采取高架走道技术,可以自动将存储在甲板以下封闭舱室的钻杆取出。

第四节　我国钻井船发展

我国油气资源开发起步相对较晚,而钻井船特别是深水钻井船的自主研发建造则更延迟了一步。20 世纪 70 年代我国改装建成了第一艘钻井船"勘探一号",但限于当时技术水平和环境因素的影响,钻井船设计研发技术停滞了较长一段时间。进入 21 世纪之后,尤其是 2010 年之后,我国深水钻井船的设计和建造工作有了令人欣喜的成绩。2010 年 8 月大连中远船务开工建造"大连开拓者号"钻井船,打破了韩国在世界钻井船建造领域的垄断地位。2012 年 6 月上海船厂开工建造"OPUS TIGER"号钻井船,成为国内首个具有自主知识产权并总包建造的钻井船项目取得了我国在深水钻井船设计和建造领域的新突破。此外,我国还针对第七代超深水钻井船的技术特征,开展了超深水钻井船总体设计关键技术研究。

1. "勘探一号"钻井船

1970 年 4 月,为加快进行海底石油资源勘查,国务院业务组决定"自力更生改建一条、新设计一条和争取时间从国外进口一条海上石油钻探船"。国家计划委员会(以下简称"国家计委")地质局六二七工程筹备组成立了由上海海洋地质调查局、中国船舶及海洋工程设计研究院和沪东造船厂组成的海上钻探船三结合设计小组。设计小组经过反复研究分析,认为钻井设备布置和钻井作业均要求较宽的甲板,如用单船改装,则船的尺寸要相当大,国内当时难有可供改装的船舶。而用两艘较小的船通过连接成双体船,可提供足够大的甲板宽度,且双体船的稳性比较好,于是决定采用双船拼接的双体钻探船方案。通过考察,选择两艘 3 000 吨级旧货轮"战斗 62 号"和"战斗 63 号"进行改装设计,该方案最终获得审查会通过和上级主管单位批准。

沪东造船厂于 1974 年 5 月 19 日建造完工,交付用户上海海洋地质调查局,船名为"勘探一号",由该局第三地质调查大队出海试钻。"勘探一号"的建成在当时引起很大轰动。1978 年,该船获全国科学大会奖。

"勘探一号"(见图 4-4)采用一个长 60 米、宽 38 米、高 4 米的箱形结构把两条货船牢牢连在一起,拼接后船长 100 米、宽 38 米、高 11.6 米,满载排水量

图 4-4　勘探一号

8 000 吨,装载量 1 800 吨,吃水 5.6 米,工作水深 100 米,钻井深度 3 000 米,航速 12 节,床位 150 个。

根据海上作业的需要,勘探船设计有较高的强度和稳性。在十二级风时主体结构不会摧毁;十级风时不离井位;七级风、五级浪时摇摆不大于 5 度、升沉不大于 2 米、漂移不超过水深的 1/20。在钻探过程中,若勘探船发生摇摆或漂移,则船上的摇摆指示仪和超声波定位仪能随时监视并测量出摇摆角度和漂移的方向与大小,根据测量结果通过锚机或其他机械方法校正船位,以满足海上钻机及水下设备正常工作的要求。

该船设有 40 吨电动定位锚机六台(艏艉各 3 台),配合 6 个 10 吨定位锚及 1 200 米直径 56.5 毫米的钢索定位作业。船上装有国产 ZJ - 130 型陆用钻机 1 台,其高耸的船用井架竖立在甲板中部,井架底座装有绞车和船用特殊转盘,井架内有游动滑车导轨,以防滑车晃动。井架下部穿过连接平台,开有"月池",用以通过钻具和水下设备。水下设备是海上钻井最重要的设备,它主要指装在勘探船同海底井口之间用于隔绝海水、控制井口、引导工具的各种设备。井架后还设有立根排放装置,它由单根起升部分、立根储运部分、立根拉送部分和控制系统等组成。它可代替二层台人工排放立根的操作。该排放装置在船横摇 6 度、纵摇 3 度时能正常工作。该船还设有一套独立的固井设备,由 4 台陆用黄河-150 型水泥车、4 台离心水泵、2 台气动上灰缸、3 台气动下灰缸和 1 个配浆池等组成,并可自行固井。

该船采用舱室沉淀净化法实现泥浆净化。由井底返出的泥浆,经振动筛后流入净化舱,净化舱分 6 个小舱。沉淀净化后的泥浆,用 3 台排量为 140 米^3/小时的 4PS 离心砂泵打到日用泥浆池,以实现钻井过程中的泥浆循环。此外,船上设有泥浆配制、储备和处理的专门设备,供补充泥浆用。

勘探船甲板前部三层的上层建筑设有驾驶室、地质室、化验室、测井室、气测室、船位仪控制室、机泵房、修配间、水下器具操纵室、水下电视室等。固井设备、泥浆配制和净化设备装在船体甲板下的第一层舱室内。在船尾两侧各有一座四层建筑,为船员居住区。

在工作的 6 年时间里,"勘探一号"在南海和黄海共钻了 7 口油井,总进尺 15 000 米,最大井深 2 413 米。因受建造时的技术水平和工艺设备的限制,该船存在先天不足又无法挽救的缺陷,国内没有这么宽的船坞,无法进行检修,加之船体变形,腐蚀严重,轮机、电机破损,失去继续在海上施工的能力,经地矿部批准,于 1993 年退役报废。

2. "大连开拓者"号钻井船

2010 年 8 月 22 日,当时世界上最大的深水钻井船"大连开拓者"号(见图 4-5)在大连开工建造,打破了韩国垄断全球深水钻井船建造的局面。该船总长 290.25 米,型宽 50 米,型深 27 米,设计吃水 19.5 米,设计排水量 240 750 吨。另外,该船在甲板上预留了位置,需要时可将其改装为具有钻井功能,可储油 100 万桶的深水浮式生产储油船。甲板总载荷为 40 000 吨,可变载荷为 25 000 吨。船上配置了先进的 DP-3 级动力定位系统,设计航速 12 节,工作水深 3 048 米,钻井深度 12 000 米。

图 4-5 "大连开拓者"号

"大连开拓者"号集油矿钻探、油气处理、原油储存以及装卸等多种功能于一体，可以在任何需要深水钻井船的情况下使用。作为在我国建造的首个"交钥匙"工程的钻井船项目，其建造标志着我国开发深海油气资源设备的进步，为我国船企进军世界钻井船建造市场奠定了坚实基础，同时也对保障我国大规模开发海洋石油资源，实施能源安全战略具有十分重要的意义。

3. "OPUS TIGER1"号钻井船

2012年6月1日，我国首艘具有全部知识产权、由国内总承包建造，全权负责项目设计、建造、设备采购和安装调试的深水钻井船在上海开工建造。可以说，这艘名为"OPUS TIGER1"号（见图4-6）的钻井船是完全"中国制造"的钻井船。总长170.3米，型宽32米，型深15.6米，设计吃水10.5米，最大工作水深1 524米，最大钻井深度9 144米，定员150人。船上设置八点锚系泊定位系统，配有当时先进的防喷器、水下和井控系统等设备，可用于勘探井和生产井施工。"OPUS TIGER1"号的建造，填补了我国在深水海洋钻井船的空白。

图4-6 "OPUS TIGER1"号

"OPUS TIGER1"号深水钻井船是由中国船舶及海洋工程设计研究院和上海船厂船舶有限公司联合设计,上海船厂船舶有限公司总包建造,负责全船所有船体、设备和系统的建造、设备采办和调试,入级美国船级社(American Bureau of Shipping,ABS),船舶所有人为华彬集团所属的 OPUS OFFSHORE 公司。首制船于 2012 年 6 月 1 日开工建造,2013 年 7 月 20 日进坞,2013 年 12 月 20 日出坞,2015 年年初交付。

"OPUS TIGER1"号属紧凑型钻井船,其采用前倾艏柱球鼻艏、方艉和艏楼形式,具备无限航区航行能力,采用柴电推进系统。同时,为改善钻井月池对快速性的不利影响,月池形状采取了特殊处理。

"OPUS TIGER1"号定位于东南亚海域作业,最大作业水深 1 524 米、钻井深度 10 000 米、可变载荷 10 000 吨,具备钻井、固井、测井和试油作业功能,配置了一套可控被动式减摇水舱系统,具备优良的运动性能,满足钻井作业对运动性能的要求。该船采用八点锚泊定位方式,在满足钻井作业对定位要求的同时,具有比动力定位方式更节能、更环保的优点。船上配置 5 台 2 600 千瓦的主发电机,机舱布置于船尾,避免机舱排烟对钻井作业区造成不利影响。此外,为防止艉折臂吊在取放钻杆或套管时与烟囱干涉,对烟囱的外形进行了优化。

"OPUS TIGER1"号主要钻井设备由四川宏华集团供货,钻井设备国产化应用取得里程碑式突破。该船采用一个半井架钻井作业系统,具有结构紧凑、系统重量轻以及经济实用等特点。半井架系统在主井口进行钻井作业时,井架内的接立根系统可以预接钻具、套管立根,并将之存放到指梁上,提高了钻井效率。此井架长 50 英尺(15.24 米)、宽 45 英尺(13.72 米),立根盒容量为 680 吨,立根形式为 3 根,立根高度共 93 英尺(28.35 米),其中单根高 31 英尺(9.45 米)。钻井绞车功率为 3 000 马力①(约 2 237 千瓦)、钩载约为 680 吨,采用 8 根钢丝绳组成的隔水管张紧系统,每根能力为 90 吨,并且预留了扩充至

---

① 马力为功率单位,1 马力=745.700 瓦。

12 根张紧器的能力。在钻台艏部设置了输运隔水管的猫道,隔水管可由隔水管门吊运至猫道上;在钻台尾部设置了输运钻杆和套管的猫道,钻杆和套管可由尾折臂吊运至猫道上。

"OPUS TIGER1"号按照安全、高效、环保的设计理念,对钻井系统和设备钻井作业流程进行了优化布置。

4. 第七代超深水钻井船开发课题研究

根据国家"十二五"和"十三五"规划,中海油制订了走向深水、大力开发南海深水海域油气资源的发展战略,这就使得研究并掌握超深水钻井船设计和建造技术,并拥有自主知识产权显得尤为重要。

长期以来,深水钻井船的设计技术一直被欧美设计公司所把持,而建造则被韩国船厂所垄断。经过多年努力,我国在深水钻井船设计和建造方面均取得了可喜的进展。依托工信部海洋工程装备科研项目支持,国内完成了第六代深水钻井船设计关键技术研究和船型方案开发。2011 年,我国已自行设计建造了具有自主知识产权并总包建造的钻井船"OPUS TIGER1"号,取得了我国在深水钻井船设计和建造领域的新突破。然而,国内在深水钻井船设计和建造领域还处于起步阶段,与欧美公司和韩国船厂存在较大差距。

目前,国外已提出了第七代超深水钻井船概念。为了紧跟第七代超深水钻井船技术发展步伐,充分利用国际海洋工程装备市场调整的有利时机抢占技术制高点,急需组织我国海工装备设计、研发及建造企业,联合开展第七代超深水钻井船设计关键技术研究和船型开发,力争取得建造订单的突破,提高国内海洋工程装备建造企业的国际竞争力。

2016 年 1 月,工信部、财政部启动的"第七代超深水钻井平台(船)创新专项",该专项由中集来福士[①]牵头。其中"第七代超深水钻井船开发"子课题,由中国船舶及海洋工程设计院联合上海外高桥造船有限公司、上海交通大学和中

---

① 中集来福士海洋工程有限公司。

国船级社承担。

"第七代深水钻井船开发"子课题的主要研究目的是针对第七代超深水钻井船(见图4-7)的技术特征,开展超深水钻井船总体设计关键技术研究,突破总体方案论证、水动力性能、结构性能、关键设备系统集成、多岛总装建造技术等关键技术,开展技术指标先进的第七代超深水钻井船开发,完成概念设计和基本设计,相关图纸和技术文件通过船级社审查,具备承接工程项目订单的条件,提高我国海洋工程装备设计建造在国际市场的竞争力。

图4-7　第七代超深水钻井船

第七代超深水钻井船主要突破了主尺度综合优化技术、大月池开口钻井船阻力和运动性能分析技术、钻井船动力定位时域分析技术、钻井船结构优化设计参数化工作流搭建技术、巨型环段移位合拢技术等关键技术。

1) 主尺度综合优化论证技术

第七代钻井船各项技术指标均更为先进,然而若无限制地增加主尺度,不但增加建造成本,也会带来其他总体和结构性能的问题。因此,钻井船主尺度综合优化论证技术是第七代钻井船总体方案论证的一项关键技术。

首先,分析其船型和主尺度参数,研究其技术指标和性能的特点,总结主尺度参数对主要技术指标的影响规律。其次,梳理出在钻井船主尺度论证中需要考虑的因素,如排水量、总体布置、稳性、运动性能、阻力性能、定位能力等,分析其对主尺度参数的需求规律。再次,总结钻井船各主尺度参数变化(如船长、船宽、吃水、方形系数、月池尺度等)对各考虑因素的影响规律,研究考虑综合性能的钻井船主尺度论证方法。最后,基于上述研究成果,结合第七代钻井船最为关键的性能指标,完成目标钻井船的主尺度论证,实现目标钻井船综合性能优良的设计目标。

2) 大月池开口钻井船阻力性能分析技术

由于大开口月池结构的存在,第七代超深水钻井船的阻力预报变得困难,而月池开口导致的阻力增加在总阻力中又占有较大的比重,所以准确预报钻井船阻力对航速估算及动力配置具有重要的意义。因此,钻井船阻力性能分析技术是第七代钻井船总体方案论证的又一项关键技术。

为突破该项关键技术,在研究中采取以下解决途径:首先,查阅国内外钻井船阻力性能分析的相关文献,学习相关基础理论,借鉴其研究方法,制订目标钻井船阻力研究方案。其次,学习并掌握基于计算流体力学的阻力分析软件,并采用定常和非定常方法对目标船型进行阻力性能预报,通过与模型试验结果的对比,掌握深水钻井船阻力性能分析方法。最后,通过对不同月池形式及位置的钻井船阻力性能研究,分析月池内流场特性及月池流与船底水流的相互影响,研究月池附加阻力的形成机理,总结月池附加阻力的变化规律,进而形成一套适用于深水钻井船阻力性能分析的技术手段。

3) 大月池开口钻井船运动性能分析技术

第七代超深水钻井船作业环境条件更为恶劣,且大月池开口也会对船体运动性能产生更大影响。鉴于钻井船运动性能的好坏直接影响钻井船的钻井作业效率,因此大月池开口钻井船运动性能的准确预报至关重要,也是第七代钻井船总体方案论证的一项关键技术。

为突破该项关键技术,在研究中采取以下解决途径:首先,了解非线性水动力理论,研究其在大月池开口钻井船运动性能预报中的应用方法。其次,分别采用线性理论和非线性理论对钻井船的运动性能进行评估,研究非线性效应对钻井船运动性能的影响规律;再次,采用数值分析与模型试验相结合的方式,研究大尺度月池对钻井船运动性能的影响,了解数值计算方法预报大尺度月池钻井船运动性能的适用性。最后,在此基础上,研究并形成一套适用于深水钻井船运动性能分析的技术手段。

4)动力定位时域分析技术

第七代钻井船需满足在超深水域进行钻井作业的定位要求,而该作业水域的环境条件更为恶劣,对定位能力及定位精度预报提出了更高要求。传统的动力定位静态分析方法仅能对钻井船推进器功率配置需求进行评估,而无法确定钻井船的定位精度,因而动力定位时域分析技术成为钻井船动力定位分析急需解决的一项关键技术。

为突破该项关键技术,在研究中采取以下解决途径:首先,调研现有的环境载荷计算方法,借助计算流体力学和模型试验开展环境载荷计算方法研究,重点研究基于计算流体力学和计及遮蔽效应的环境载荷计算方法,以形成适用于超深水钻井船环境载荷计算的方法和流程。其次,分析掌握动力定位时域分析软件,通过对目标钻井船进行动力定位时域分析,掌握动力定位时域分析方法与流程,分析影响动力定位能力的各种因素,从而形成超深水钻井船定位精度的预报能力。

5)结构优化设计参数化工作流搭建技术

为实现第七代钻井船更高可变载荷及各项技术指标的要求,在保证结构强度基础上,尽量降低结构重量。常规结构设计通常以满足局部强度和总强度要求即可,即使进行局部优化设计,也是以人工设置为主,因此优化设计的范围及效率都不高。基于参数化的优化技术具有人工设置方法所不具备的高效率及更合理的优化结果,因此其核心内容优化工作流搭建技术是结构优化设计中急需解决的另一项关键技术。

为突破该项关键技术,在研究中采取以下解决途径:首先,结合对参数化数值优化分析软件的引进和优化分析方法理论的消化吸收,摸索掌握可应用于结构优化设计的数值优化分析流程和方法。其次,研究参数化建模方法和技术,保证各种类型结构基于设计参数变量自动实现结构有限元模型的建立。再次,对各类优化结构的变量选取、约束条件等优化过程中的关系、步骤进行分析提炼,以编制符合结构设计要求的优化工作流。最后,基于对优化算法的充分理解以及优化数值分析工具的灵活运用,完成并实现钻井船结构优化设计,取得满意的优化效果。

6) 巨型环段移位合拢技术

钻井船的总装建造方案的确定将直接影响钻井船的建造方法、流程以及施工工艺,采用多岛总装建造方案,多个巨型环段同时建造,通过有效的精度控制方案保证环段的精度,最后通过移位合拢,大大提高钻井船的建造效率,缩短建造周期。因此,巨型环段移位合拢技术是提高第七代钻井船总体建造效率的一项关键技术。

为突破该项关键技术,在研究中采取以下解决途径:首先,充分利用船厂建造场地的设备设施能力,结合钻井船的结构特点,制订钻井船巨型环段划分方案;其次,调研国内外巨型环段的移位方式,对比分析各自的优缺点,并结合具体建造场地的设施条件,选取适用的巨型环段移位合拢方案;再次,结合钻井船的建造方案和特点,分析钻井船建造精度控制的影响因素,确定钻井船巨型环段建造精度控制方案,保证建造的精度要求;最后,运用有限元数值计算技术,对移位合拢过程中的巨型环段结构强度及变形进行校核,并完成移位和精度控制所需的大型工装设计,以保证钻井船巨型环段移位合拢的安全性和精度要求。

"第七代超深水钻井船开发"子课题完成了设计关键技术研究和船型开发,突破了总体方案论证、水动力性能、结构性能、关键设备系统集成,多岛总装建造等关键技术的课题研究任务,具备了结题条件,准备验收。目标船设计方面完成了概念设计和基本设计,相关图纸和技术文件已经通过了船级社审查,暂存备查。

　　该课题打破了国外对高端海洋工程装备的技术垄断,实现具备自主设计与建造深海钻井船的能力、推动我国海洋工程新技术和新产业链的发展,提升我国船舶工业在海洋工程领域的综合竞争力。

第五章
半潜式平台

随着油气勘探开发日益向深海推进,坐底式平台和自升式钻井平台等型式已经无法适用于实际需要。半潜式平台以其独特的型式受水深限制较小,同时它在波浪中的运动响应、对恶劣海况的适应性、甲板可变载荷、自持力等方面有一定的优越性,在深海油气开发中承担着至关重要的责任。

半潜式平台从坐底式钻井平台演化而来。1962 年,世界上第一座半潜式平台由坐底式钻井平台"蓝水 1 号"加装立柱改造而成。20 世纪70 年代,半潜式平台开始安装推进器,具备低速航行的能力,便于定位和拖航移位。半潜式平台从诞生起的近半个世纪的时间里,其技术形态经过了多次革新和发展。据有关资料统计,至 2020 年,全球共有半潜式平台146 座,按照国际上海洋石油装备行业的通常划分方法,目前已发展至具备3 000 米作业水深、10 000 米钻井深度和动力定位等能力的第六代深水半潜式平台,它引领潮流,并正向技术指标更先进的第七代迈进。各代半潜式平台的技术参数如表 5-1 所示。

表 5-1 各代半潜式平台的技术参数

代系	作业水深/米	甲板可变载荷/吨	定 位 系 统	建 造 年 代
一	<180	2 000	多点锚泊	20 世纪 60 年代
二	300~1 200	2 000	多点锚泊	20 世纪 70 年代中后期
三	450~1 500	3 000	多点锚泊	20 世纪 80 年代中期

代系	作业水深/米	甲板可变载荷/吨	定 位 系 统	建 造 年 代
四	1 350～2 400	4 500	多点锚泊＋DPS－1/2	20 世纪 90 年代
五	1 500～3 050	6 000	多点锚泊＋DPS－2/3	20 世纪 90 年代末
六	2 400～3 600	8 000～10 000	多点锚泊＋DPS－2/3	21 世纪
七	3 600	10 000	多点锚泊＋DP－3(闭环)	21 世纪

注：1. 甲板可变载荷，是指半潜钻井平台的上平台和立柱所装载物资的重量。

2. 动力定位系统(dynamic positioning system，DPS)，后缀 1、2、3 是指动力定位系统级别。

3. 闭环是将发电机组连接到同一环路上，可灵活选择发电机组的运行数量，以达到节能减排、降低能耗的作用。

我国海上油气开发起步较晚，从渤海浅水海域使用坐底式平台、自升式钻井平台等装备实现海上石油开发突破后，向东海、南海进军时，遇到了必须面对开发准备不能胜任的问题。研发能在深水开发的半潜式平台就提上了议事日程。

半潜式平台有优良的深水钻井能力，但需要装备高技术性能的支撑。从国内外半潜式平台的发展历程看，可归纳出技术难度及发展趋势：

（1）作业水深持续增加。第一代的半潜式平台只适用于浅水海域，发展到第六代时，已可在超深水海域使用，最大作业水深 3 600 米。未来 20 年内，作业水深 4 000～5 000 米的半潜式钻井平台有望出现。

（2）适应更恶劣的海域。半潜式平台仅少数立柱暴露在波浪环境中，抗风暴能力强，稳性等安全性能良好。目前，大部分深海半潜式平台能自存于百年一遇的海况条件，适应风速为 185.2～222.24 千米/小时、波高为 16～32 米、流速为 3.704～7.408 千米/小时的环境条件。在作业海况下其运动幅值可控制在升沉±1 米，摇摆±2 度，漂移为水深的 1/20。随着动力配置能力的增大和动力定位技术的进一步发展，半潜式平台能适应更恶劣的海况。

（3）可变载荷增大。目前，第六代新型半潜式平台的可变载荷与排水量比值已超过 0.2，甲板可变载荷达万吨，平台自持能力增强。同时，甲板空间增大,钻井等作业安全可靠性均有效提高。今后可能随着新材料的出现和优良的设计,相对减轻半潜式平台自重,将需可变载荷进一步增大,上述指标将更先进。

(4) 外形结构简化,采用高强度钢。外形结构趋于简化,立柱和撑杆节点的型式简化,数目减少。第六代半潜式平台普遍采用4立柱、口形浮体的结构型式,完全取消了撑杆和节点。采用强度高、韧性好、可焊性好的高强度和超高强度钢,可有效减轻平台自重,提高可变载荷与平台钢结构自重比。通常大多数海上工程装备用钢的屈服强度为250~350兆帕,目前平台重要结构甚至使用了屈服强度为827兆帕的钢材。

(5) 装备先进化。装备更先进的钻井设备、动力定位设备和电力设备,监测报警、救生消防、通信联络等设备及辅助设施,进一步提高平台钻井作业的自动化、效率、安全性和舒适性等。

(6) 定位方式采用动力定位。半潜式平台的定位方式主要有系泊定位、动力定位和系泊定位+动力定位三种,当水深在1 500米以内时,系泊定位方式较为经济实用,但随着水深的继续增加,动力定位成了深海半潜式平台的主流定位方式。深海半潜式平台配备有大功率的主动力系统和高精度的动力定位系统,动力定位采用先进的局部声呐定位系统和差分全球定位系统等。

(7) 双井架的使用。第五代半潜式钻井平台多采用单井架,第六代半潜式平台采用“一个井半井架”,也称为离线钻机或称并行作业钻机,第七代半潜式钻井平台将普遍采用双井架双钻塔,使得作业效率比第六代半潜式钻井平台又有新的提升。

(8) 绿色环保。第七代半潜式平台将进一步提升节能、环保、低噪声、零排放、余热余能利用等设计理念。

第一节　半潜式平台特征

半潜式平台(见图5-1)是浮动型的移动式平台,是用数个具有浮力的立柱将上壳体连接到下壳体或柱靴上,半潜状态下其稳性主要靠立柱。半潜式平台的产生晚于浮船式(水面式)平台,它是克服浮船式钻井平台抗风浪性能差的缺点而产生的。

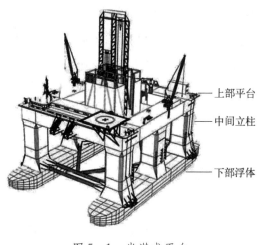

图 5-1　半潜式平台

船舶或海洋平台在海上受风、浪、流的作用而产生运动。其中波浪能量基本集中在5～20秒周期范围之内,其能量占总能量90%以上。常规船舶之所以产生较大幅度的横摇与纵摇等运动,其主要原因是其固有周期在波浪能量周期范围内。半潜式平台垂荡、横摇与纵摇固有周期都在25～30秒,避开了波浪能量的周期,使它不易产生谐振,因此具有良好的水动力性能。

即使在深水海域、恶劣环境条件下作业,半潜式平台也具有良好的运动特性,抗风浪性能好。

半潜式平台最大的特点是半潜作业,平台到达作业点时往下船体注水,使平台的下壳体或柱靴和立柱下潜到水下一定深度,成半潜状态,仅立柱与水面接触,从而使波浪力大大减小,平台的运动性能增强。半潜式平台的另一特点是柱稳式平台。它在半潜状态时,水线面面积主要是立柱的水线面积,但立柱间距较大,因而平台的惯性矩较大,从而使其具有较大的初稳性高度,保证了平台的稳性。

合理地选择平台立柱横向和纵向间距,可以使外力互相抵消一部分,而使平台运动减小。例如,对于两个下壳体,左、右两排立柱的半潜式平台,当立柱

98

横向间距设计为波浪的半波长时,作用在平台两边的立柱、下壳体的波浪惯性力大小相等、方向相反、互相平衡,使平台运动减小。当波峰位于平台中心线时,左、右两边的立柱下壳体同时受到向外的劈力,其力的方向相反、大小相等、互相平衡。反之,若波谷位于平台中心线时,左、右两边的立柱、下壳体同时受到向内的挤压力,也互相平衡。当波长等于立柱横向间距,波峰位于左、右两边立柱上时,立柱所增加的向上浮力,可以被抵消一部分,使平台运动减小。反之,当波谷位于左、右两侧立柱时,也产生相同效果。

半潜式平台类型很多,可按不同方式进行分类,得出不同的类型。按结构形式分,半潜式平台有带下壳体的半潜式和带柱靴的半潜式。前者多为双下壳体、矩形半潜式;后者为多边形,如三角形、五角形、八角形等。按定位方式分,半潜式平台有系泊定位式和动力定位式。按航行能力分,半潜式平台有自航式、半自航式和非自航式。动力定位的半潜式平台多为自航式。半自航式是指在近距离移动可自航,远距离移动靠拖航。按用途分,半潜式平台有半潜式钻井平台、生产平台、生活平台、铺管平台、起重平台、施工作业平台等。

半潜式平台在发展过程中,其结构形式和设计理念均发生了很大的变化。由于半潜式平台的概念来自坐底式平台的拖航状态,而在坐底式平台的设计理念中,立柱的作用仅仅是将甲板托出水面,以弥补驳船型深小于水深的不足,平台的浮力全部由坐底的驳船提供。这直接导致早期的半潜式平台浮箱大、立柱数量较多而直径较小。由于早期半潜式平台的发展重点是水动力性能,且当时的半潜式平台尚不具备自航能力,所以平台设计的目标主要是提高水动力性能而不是拖航阻力,从而导致各种形状的半潜式平台出现。其底部浮体曾出现有矩形、V字形、三角形、五边形或多边形、十字形船体结构等。

伴随着深水油气田不断发现、深水油气开发热潮高涨和新技术的崛起,半潜式平台的研发也得到了快速的发展。首先是动力定位技术的发展解决了半潜式平台的定位问题,同时赋予了半潜式平台的自航能力。由于长距离快速移动的需要,半潜式平台的阻力性能引起了重视,从而导致半潜式平台的结构形式由"奇形怪状"回到了矩形结构。同时,采用了箱型甲板结构,钻井设备的布置也从一层平铺发展为两层布置。这样的钻井设备布置减小了甲板面积,立柱的数量也逐步减少,第五代半潜式平台之后都采用四立柱双浮箱结构。

第二节　半潜式平台结构组成

半潜式平台(见图5-2)主要结构由三大部分组成:上层平台,沉垫(浮箱),立柱和撑杆。上层平台布置着全部钻井机械、平台操作设备、物资储备和生活设施,承受的甲板载荷通常为3 000~6 000吨,目前的第六代半潜式平台甲板载荷一般为9 000吨左右。一般上层平台为水密性或部分具有水密性的箱形结构,根据布置和使用要求可分为若干层,如主甲板、中间甲板、下甲板等。矩形半潜式平台的沉垫结构,分隔成若干个纵横隔舱,以保证其结构的水密性

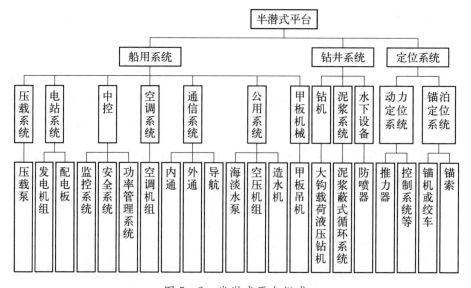

图5-2　半潜式平台组成

和强度。在这些分舱中除若干放置机械设备、推进器、油水舱外,均为压载水舱,平台靠其注排水以实现沉垫潜浮作业。立柱由外壳板、垂向扶强材、水平桁材、水密平台、非水密平台、水密通道围壁和水密舱所组成。早期的半潜式平台在立柱之间设有撑杆。一方面,立柱与撑杆一起将上层平台支撑在沉垫(浮箱)上;另一方面,在平台处于半潜状态时提供一定的水线面,使平台获得稳定性。撑杆结构的作用是把上层平台、立柱和沉垫三者联结成一个空间刚架结构,同时有效地将上部载荷传递到平台的主要结构上(立柱、沉垫),并将由风、浪等载荷和其他受力状态(如拖航、沉浮过程)所产生的不平衡力进行有效的再分布。随着半潜式平台结构设计的不断优化,第五代之后的半潜式平台都不设置撑杆。

半潜式平台的定位方式主要有三种:锚泊定位(见图5-3)、动力定位(见图5-4)以及锚泊+动力定位。锚泊定位系统组成相对简单、经济性好,但起抛锚所费时间较长,在一定水深范围内,采用锚泊系统定位。但随着水深的增加,锚泊系统趋于大型化,布置安装变得困难,造价和安装费用猛增。相反,动力定位的初始费用较高,营运费用也高,但定位成本却不会随着水深增加而增加,可以作用在较深海域、海底土质不利抛锚的区域定位作业。动力定位机动

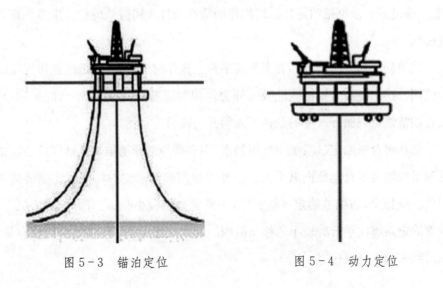

图5-3　锚泊定位　　　　　　　图5-4　动力定位

性能好,一旦到达作业海域,立即可以开始工作,遇有恶劣环境突袭时,又能迅速撤离躲避。全动力定位系统初始投资和运营成本都比较高。因此,研发者常采用锚泊定位系统与动力定位系统联合定位的方式,即在浅水区作业时采用锚泊定位,在深水区采用动力定位。比如,"海洋石油981"在水深小于1 500米时采用锚泊定位,水深大于1 500米时采用动力定位。这样既能在一定程度上减小锚泊系统规模,又降低动力定位时的运营费用。

在第四章中已经介绍了动力定位系统,这里主要描述一下锚泊定位系统。

用于海底钻探的半潜式平台由于钻探作业的特点,应稳妥地保持在井口上方。其允许漂移值一般定为水深的3%,在风暴状态,海浪为7~8级时,允许漂移值为水深的5%~10%。为了保持平台处于井口上方,由下列两大部分组成锚泊定位系统:一是保持平台相对于井口的位置和方向的执行机构(设备);二是测量平台对海底井口相对位置并向执行机构发令的信息处理装置(操纵系统)。

锚泊定位系统的设备由下列主要部件组成:大抓力锚,高强度的锚链,负载锚链的控制和记录设备,就地并遥控的锚机。锚泊点为6~12个,当平台的壳体呈长方形时,通常采用8个锚链线。系统中的锚链有全锚链式、钢索式和钢索-锚链式。依据锚泊定位系统操作的特殊条件及锚链线的特点来考虑选择锚链线。

当海深为200~300米,在半潜式平台上操作时,锚链式锚链线获得优先推广使用。这主要由于锚链线能吸收外力作用的能量,并能限制平台的移动,从而在锚链线负载循环改变的条件下无须开动锚机。

如在平台锚泊定位系统中采用钢索,则必须经常开动锚机。这样就必须依靠测量控制装置自动地操纵锚机。受外力作用的钢索中的峰荷值比锚链高若干倍。应指出,与锚链泊定系统相比,当预紧力值较小时,在有海浪的情况下,钢索泊定系统使平台有较小的移动范围。钢索的优点是:钢索收放比较容易,同时钢索的重量也较轻。

在海深为 200～500 米时,较多应用钢索锚链式锚链线。这是由于锚链下垂部分很重,只用锚链很难保证平台移动范围。具有钢索锚链式锚链线的锚泊定位系统能将钢索及锚链系统的优点结合在一起。但是,应用组合锚链线使锚机的结构相对复杂。

在选择平台采用何种锚链线时,必须考虑下列情况:

(1) 锚链的寿命比钢索的寿命长 1 倍。在使用中,锚链的检验周期是 4～7 年,钢索的检验周期约为 18 个月。

(2) 钢索在很大程度上受到振动的影响。甚至在不大的负载下,这种振动会引起钢索的损坏。

(3) 在循环负载的影响下钢索趋于捻松,并在连接处渐渐变脆,这样,在起锚时往往会引起钢索的断裂。

(4) 由于海水介质的电解作用,用灌锌扎结的钢索端容易破裂,可用聚酯树脂扎结钢索端。

(5) 在锚泊定位系统的钢索上经常涂防锈油能长期保护钢索。

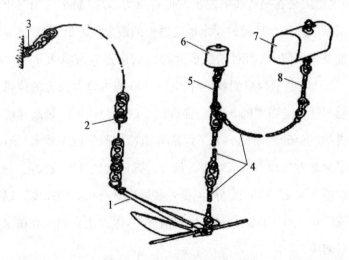

图 5-5 锚系的主要部件

1—锚;2—锚链;3—连接在锚链舱中的锚链;4—短钢索;5—小浮标缆短索;6—保持工位的浮标;7—海面识别浮标;8—小浮标钢短索。

在泊定平台时放出锚链线,以及在钻探结束时起锚,都须使用装有大拉力绞车的专用辅助船。

为了保证锚的最大抓力,可用专用辅助船将锚抛于海底部,然后再由平台上的锚机把锚拉到完全吃入泥土。

强行压入泥土中的死锚尚未获得广泛应用,因为它在技术上还不成熟,并须具有用于下锚的复杂的专用设备,同时又不能反复使用。应用于锚泊定位系统中的锚链强度一般应符合或稍超出苏联船舶登记局分类Ⅰ级的强度,可采用直径为2～3.5英寸的高强度锚链,如由高级优质钢制成的瑞典雷诺斯公司的锚链。

为了显示锚的分布位置,以及为了起锚和抛锚,每个锚头上应带有短钢索(起锚索),其上系以工位浮标或识别浮标。

为了控制和记录拉力,半潜式钻井平台每个锚链线上都装有测力设备。这样可改变锚链线张力,将平台泊定于规定的范围内,并防止锚链线过载。

半潜式平台的锚机与普通船舶的锚机不同。虽然它也是用于完成起抛锚作业,但是主要用来在锚链线中发出或保持拉力,以限制平台相对于海底井口的移动。根据限制平台移动的要求确定锚机的最大拉力值,使锚能足够吃入泥土所需的锚链张力值,从而对锚机最大拉力的选择具有重大影响。排水量为15 000～20 000吨的平台应配置具有150～300吨力最大拉力的锚机。锚机拉力通常不能超过锚链强度的50%。锚机放下(收起)锚链的最高速度取决于应缩短平台进场(退场)的时间。为了保证抛锚速度不超过100米/分,通常锚机应装有规定制动力的动力制动装置。最大起锚速度允许有较大范围的变化,常用最大起锚速度为25～30米/分,但是一些锚机具有很高的速度。锚机可应用电动或液压传动。液压传动是最有发展前途的,因为用它能保证在很大范围内平稳地进行调速。

锚机通常都装有能支持近于锚链断裂负载的带式制动。带式制动主要用于在抛锚时控制速度。为了在抛锚后制动锚链,锚机应装有制动力约等于锚链断裂强度的制链器。在结构上制链装置应采用与链轮相连接的棘轮。

通常可用就地操纵台和遥控操纵台来控制锚机。在用作主要操纵台的遥控操纵台上装有检测设备,利用该设备可监督锚机的工作和调整平台对井口的位置。在遥控操纵台上还装有遥控锚机的机构和记录锚链线上力的设备。集中控制全部锚机可以更有效和更准确地将平台固定于井口上方。

如上所述,可以认为:

(1)当水深为200～300米时,由高强度锚链的锚链线和大抓力锚构成的泊定系统是最常用的泊定系统。

(2)锚泊定位能力取决于正确地选择锚设备最佳的布置方式和锚链线的预紧力值。

(3)平台在一个井位就位(或离位)时,用辅助船和平台本身的锚机完成起抛锚作业,锚机的拉力应能使锚有足够的破土能力。放出锚链的最大速度应与辅助船抛锚的速度相同,为此,锚机应装有动力止链器。为了支撑锚链线的拉力,锚机中应有制链器,并考虑到备用锚链的重量。

(4)为了能有效地调整平台在井口上方位置,锚泊定位系统应设有遥控锚机的集中控制台。

第三节　我国半潜式钻井平台发展

我国半潜式钻井平台的研究始于20世纪60年代中期。20世纪70年代初,为捍卫国家海洋主权,全面开发我国深海油气资源,国家急需一批在水域较深、海况恶劣环境下,能进行油气资源开发的海上钻井装备,半潜式钻井平台进入研发阶段。

我国从20世纪60年代中期开始研究的半潜式钻井平台,是由中国船舶及海洋工程设计研究院、地质部上海海洋地质调查局和上海船厂联合研究、设计、建造的我国第一艘半潜式钻井平台"勘探 3 号"。1984 年 7 月该平台正式交付地质部上海海洋地质调查局使用。该平台作业水深 35～200 米,最大钻井深度 6 000 米,建成后立即投入到东海油气田的勘探工作中,陆续发现了"平湖"等许多高产油气井,曾创出钻井深度达 5 000 米的纪录,为中国东海油气田的开发作出了重大贡献,获得了国家科学技术进步一等奖、中国船舶集团有限公司科技进步特等奖等重大奖项。

此后,随着我国海洋石油勘探向深海发展,我国半潜式钻井平台迅速进入第五代、第六代型号的研发。受中海油委托,2006 年中国船舶及海洋工程设计研究院开展"海洋石油 981"深水半潜式钻井平台的设计,2008 年 4 月 28 日上海外高桥造船有限公司开工建造,2010 年 2 月 26 日"海洋石油 981"出坞建成交船。"海洋石油 981"钻井平台是中国首座自主设计建造的、整合了全球先进的设计理念和最新装备的第六代深水半潜式钻井平台,最大作业水深 3 000 米,最大钻井深度可达 10 000 米,总造价近 60 亿元。该平台的研发成功,标志着中国在海洋工程装备领域自主研发能力的提升,增强了国际竞争能力。2012 年 5 月 9 日,"海洋石油 981"在南海海域正式开钻,中国海洋石油工业的深水战略迈出了实质性的步伐。2014 年,"海洋石油 981"获得国家科学技术进步特等奖。

"海洋石油 982"平台是中海油田服务股份有限公司投资建造的深水半潜式钻井平台。该平台于 2015 年 7 月 1 日在大连船舶重工集团海洋工程有限公司正式开工建造,挪威埃捷力海洋工程集团提供详细设计和钻井包,2018 年 3 月 14 日,该平台正式交付使用,最大钻井深度 9 144 米,可在 1 500 米水深海域内从事海上石油、天然气的勘探开发作业,是国内先进的第六代钻井平台,具备水下设备、采油树操作和服务能力。

"蓝鲸 1 号"半潜式钻井平台,由中集来福士海洋工程有限公司(以下简称"中集来福士")建造,于 2017 年 2 月 13 日交付使用,最大作业水深 3 658 米,最大钻井深度 15 240 米,适用于全球深海作业。"蓝鲸 1 号"配置了高效的液压双钻塔和全球领先的 DP - 3 闭环动力管理系统,可提升 30%作业效率,节省 10%的燃料消耗,具备第七代半潜式钻井平台的主要技术指标,代表当今世界海洋钻井平台设计建造的最高水平,将我国深水油气勘探开发能力带入世界先进行列。2018 年 12 月,该平台获得第五届中国工业大奖项目奖。

深水半潜式钻井平台的开发进一步完善了我国深水钻井装备梯队的建设,标志着我国在海洋工程装备领域已经具备了第七代半潜式钻井平台的研制能力,增强了国际竞争力,进一步提升了我国深海油气开发的能力。

1."勘探 3 号"半潜式钻井平台

20 世纪 60 年代末,我国东海海域海上油气开采已开始起步,为摸清油气蕴藏,原有自升式钻井平台作业水深已不适应要求,1970 年 4 月,国务院业务组决定自力更生设计建造一座海上石油钻探平台。

由上海海洋地质调查局、中国船舶及海洋工程设计研究院和上海船厂组成的"三结合"设计团队,开启了我国自行设计建造半潜式钻井平台的艰难历程。设计团队以发展我国海洋工程为己任,历经 11 年多的探索创新,为成功设计建造半潜式钻井平台作出了重大贡献,使我国成为国际上少有的能够自主设计建造半潜式钻井平台的国家之一,在我国海洋工程发展的历程中留下浓墨重彩的一笔。

设计团队经过 10 个月的努力,比较船型的优缺点后,选择了半潜式,并提出了单体中心抛锚、矩形半潜式、圆形半潜式、矩形自升半潜式和中字形自升半潜式等五种船型和四种机电配套方案。

1974 年 10 月,在国家计委召开的方案设计审查会议上,决定选用矩形半潜式船型方案,新建一条钻井平台。设计团队期望着在即将到来的设计工作中贡献自己的智慧和精力,为国家海洋油气开发尽力。

由三个单位组成的"三结合"设计组可能造成技术责任不清,导致设计任务难以贯彻。中国船舶及海洋工程设计研究院设计团队决定主动承担技术责任,向该院领导表示承担这条船的设计责任。在该院领导决定由中国船舶及海洋工程设计研究院承担设计责任后上报。上级主管部门于1978年决定解散"三结合"设计组，对三个单位的责任做了分工，由中国船舶及海洋工程设计研究院承担平台技术性责任。事后设计团队的成员感慨地说："当时我们这些人心中确实是下了承担责任的决心，任何困难也动摇不了，直到把该平台搞出来。"

半潜式钻井平台是我国第一次设计建造，设计方法无前例可循，设计团队深入分析，敢于开创，又精心计算，反复检查校对，确保平台具有足够的强度、稳性以及优良的运动性能。

1979年11月底，上海船厂动工，揭开了我国第一艘半潜式钻井平台建造的序幕。但是研发的过程依然艰难。尽管设计团队对自己的设计信心满满，但有关各方均因是首次接触这一船型，不免在船体强度和稳性方面对该院的设计存有疑虑，质疑之声一度影响了用户对自行设计建造半潜式钻井平台的信心，有关单位曾建议不造平台或向国外购买图纸。面对这些质疑，该院领导组织召开了两次大规模的设计复查，着重检查了稳性和强度，结论均符合要求。

1981年11月，地质部邀请美国一家船舶顾问公司董事长和巴西一家工程公司总经理来沪就"勘探3号"有关技术问题进行座谈讨论。他们都是资深工程师，在参阅图纸和听取介绍后，做出的结论是："'勘探3号'是一个较好的设计，同目前世界上正在建造的半潜式平台的水平是相当的，结构强度是足够的。"挪威船级社和美国船级社经过初审，也认为稳性和强度是符合要求的。

1983年4月初，有关部门又请了另一位国外半潜式平台专家到上海船厂去看了一下正在建造的"勘探3号"，该专家却立即断言："这条船要翻的。"于是掀起一场风波，因为他不仅同船厂陪同接待的工程师讲，而且还向国家经济贸易委员会机械局的领导同志讲，瞬时闹得满城风雨，以致机械局局长特地打电话到上海来问相关设计人员是怎么回事。"勘探3号"设计人员反复研究，确信计算是正确的，决定约请这位专家面谈。问他何以断言此船要翻，想不到他的回答竟是："凭我的直觉。"令在座的人大为惊愕。设计人员当即指出，这样的论断是没有道理和科学依据的,也是武断、不负责任的。最后在有力的论据面前,这位专家表示愿意收回自己的观点,并负责消除影响。

设计团队的成员都有参加多艘工程船舶设计的经历,掌握了一定的工程船舶设计的内在规律,加上对设计半潜式钻井船的责任心和荣誉感,因此对每一项技术都精心研究,反复推敲,多有创新。其中突出的有以下两点:

一是"勘探3号"同国外同类型半潜式平台的船型比较,其最主要的特点是上平台采用双层甲板封闭式结构。一方面,它的好处是增加了舱内可供安装设备使用的甲板面积,腾出的上层露天甲板可供钻井作业使用;另一方面,箱形结构的上平台能充分地增加总强度,十分有利于提高结构强度。

二是对于半潜式钻井平台来说,结构设计特别是节点的处理极为重要,既要考虑结构的连续性,尽可能地减少和避免应力集中,又要考虑方便施工。"勘探3号"有26个各具特色的大节点。例如,水平桁撑相交处设置了球形节点,以减小水流阻力和波浪拍击的影响;艏部端斜撑以及立柱同上平台的连接处设置托架结构,有助于结构的过渡;端部及中间斜撑同立柱连接处采用由圆过渡到方的形式,保证了内部构架的连续性;中立柱同沉垫的连接同样采用由圆过渡到方的形式,保证了内部构架的连续性。为进行结构总强度分析,建立了空间钢架有限元计算程序。大量的分析计算表明,平台的总强度和局部强度是足够的,疲劳分析的结论也是符合要求的。平台的结构设计通过中国船级社和美国船级社的严格审查,并在验船师的监督下进行建造。事实表明,平台交付使用30多年来,经受了各种恶劣环境条件的考验,主要结构始终保持完好的状态,安全可靠。

设计团队团结一心,群策群力,重大问题集体讨论,无论是选择半潜式船型,还是表态愿承担技术责任;无论是面对质疑声浪的对策,还是与外方技术观点分歧处理,都是依靠团队的力量战胜困难。设计团队的成员虽然大都年轻,但他们都参加过多项产品设计,已是各专业的技术骨干。同时,上海海洋地质调查局和上海船厂密切配合,各专业分工把关,各显才智,以保证设计的重量。

1982 年初,在"勘探 3 号"主船体结构已基本建成情况下,中央有关部委决定提升"勘探 3 号"的技术性能。根据当时国内钻井设备建造尚处于起步阶段的现实,决定引进钻探设备和水平器具,修改"技术任务书"。对此,设计团队不仅没有怨言,反而为设计的平台具有更好的作业性能而欣喜,立即投入图纸资料的修改,及时配合建造进度。

　　建成的"勘探 3 号"整个装置由箱式甲板平台、大型立柱、潜艇式沉垫,以及井架、上层建筑和直升机平台构成。从沉垫底部至平台的上甲板高 35.2 米,相当于一座 12 层的高楼,至井架顶部总高近 100 米,总长 91 米,总宽 71 米,工作吃水 20 米,6 根"立柱"(每根直径 9 米、高 25 米),工作排水量 21 991 吨,工作水深 35~200 米,最大钻井深度 6 000 米。

　　上海船厂投入大量技术力量,建立了严格的重量保证制度,实施了大量的培训和考核,采取了一系列工艺措施,完成了主体结构总装、井架整体吊装和大量钻探设备的安装调试,其间采用的浮力顶升合拢工艺为世界创举,荣获国家相关奖励。该平台于 1984 年 6 月 15 日建造完工,进行倾斜试验,并于 1984 年 6 月 25 日出海进行抛锚定位作业及沉浮作业试验。

　　"勘探 3 号"的海上试验与一般运输船舶不同,半潜式平台需长距离拖航、抛锚定位和压载沉浮作业等,船厂也是第一次遇到。根据协商,平台的拖航装载、沉浮作业压载程序、抛锚定位试验以及遇到台风时的应急措施均由中国船舶及海洋工程设计研究院提出。

　　1984 年 6 月中旬,正当"勘探 3 号"设计团队正在忙碌地进行试航前的最后扫尾工作时,"勘探 3 号"平台长忽然提出,为和实际作业状况相符,在试航中要安装相同数量的钻井器材,这是原试验大纲中没有的。设计团队按这一要求在平台上安装了约 870 吨的钻井器材,这样,在"勘探 3 号"试航中,加上油水和其他各种物资的总重量超过 2 300 吨。海洋地质调查局一位工程师望着这么多东西装上平台,颇有感触地说:"这样的话,开钻是没有问题了。"平台在大海上被拖航时,是那样的平稳,半潜以后更加平稳,在 8~9 级的大风浪中,摇摆只有 ±2 度,所有人都吃得下、睡得好,这个时候,人们终于对于"勘探 3 号"的稳性完全放心了。

设计团队的人员上船后分散到船上各处,密切关注船上的动态和设备的运转情况,同船厂、用户以及承担拖航和抛锚定位作业的上海打捞局的施工人员密切配合,完成了各项试验任务。

在沉浮作业试验进行中,忽然得到台风即将袭来的消息,由此引起船上不少人的担心。在试航领导小组召开的紧急会议上,具有丰富经验的设计人员坚决主张下潜抗台,平台的稳性和锚泊系统完全没有问题。此举得到了海洋地质调查局参试人员和平台长的支持,随船参加试航的上海市国防工办的一位处长也表示支持。尽管"勘探 3 号"平台并没有受到台风的正面袭击,只是擦肩而过,然而,经过这一场考验,大大增强了各方对"勘探 3 号"平台的信心。

1984 年 7 月 7 日,"勘探 3 号"在返航途中举行交船仪式。11 月中旬"勘探 3 号"在温州东沿海"灵峰 1♯"举行试钻作业,作业水深 90 米,井深 2 808.8 米,顺利完成了拖航、下潜、钻井、固井、测试、起抛锚、起浮等全过程试钻任务(见图 5 - 6)。

图 5 - 6　"勘探 3 号"平台试油成功

1985 年 10 月至 1986 年在浙东海域水深 100 米处,"勘探 3 号"进行"天外天一井"钻探,发现油层,对进一步选定重点勘探区起到重要作用。其间遇到 7～8 级大风,阵风 9 级时,船横摇±2 度以内,漂移＜5 米,升沉 1 米,完全满足钻井作业要求。此后在东海不断发现有开采价值的油气田,诸如"天外天""平湖""春晓""残雪""宝云亭"等油气田,其中著名的"平湖"油气田已开采多年,为江、浙两省和上海市提供了丰富的油气资源。事实证明"勘探 3 号"是一艘十分好用的钻井平台,为我国海洋油气资源的勘探开发作出了贡献。

图 5-7 "勘探 3 号"半潜式钻井平台获得
国家科学技术进步一等奖

"勘探 3 号"半潜式钻井平台建成投入使用后,先后荣获 1983 年中国船舶工业总公司重大科技成果特等奖、1985 年国家科学技术进步一等奖(见图 5-7)、1986 年度国家重量金质奖等;"勘探 3 号"建造中的水上合拢"浮力顶升法"具有独创性,"浮力顶升法"合拢工艺获1982 年交通部重大科技成果一等奖、1983 年国家级发明奖二等奖,还获得香港地区"何梁何利"奖等。

"勘探 3 号"建造成功,是我国能够集中力量办大事的一个事例。从国务院的顶层设计、有关部委领导的关键性参与到所有研发单位的通力合作,为一个共同目标任务而不懈努力。据文件记载,由部委和上海市召开的协调会就有 5 次,其中一次有 54 个单位参加。特别是当研发过程中遇到"拦路虎"时,都是部委指导清除,充分体现了国家意志不可动摇,也表征了我国体制的优越性。

2. "海洋石油 981"半潜式钻井平台

1990 年代,世界上海洋油气开发持续向深海发展,相应地以作业水深为主

要指标的第五、六代半潜式钻井平台在 21 世纪之初问世,最大作业水深达
3 052 米,作业海域大为扩展,经济效益可观。与此同时,我国海洋油气开发也
逐渐向深海海域发展,特别是南海海域海权斗争激烈,南海深海海域油气开发
亟待进行。以中国工程院院士曾恒一为代表的海洋油气行业领导审时度势,提
出研发作业水深 3 000 米半潜式钻井平台的动议。我国有关部委高度重视,指
定中海油承担国家 863 计划《3 000 米水深半潜式钻井平台关键技术研究》课
题,国防科学技术工业委员会(以下简称"国防科工委")于 2002 年布置中国船
舶及海洋工程设计研究院与上海外高桥造船有限公司联合承担《新型多功能半
潜式钻井平台研制》课题,目标是为"十一五"期间能够自主设计建造深水半潜
式钻井平台做好前期关键技术研究。各承担单位均投以大量科技力量,以国际
上第五、六代半潜式钻井平台为目标船型,精心研究,于 2005 年完成课题研究。
中海油依据研究成果制订了深海钻井平台的主要技术指标,包括如下几方面:

(1) 作业海域为海况较为恶劣的我国南海。

(2) 作业水深 3 000 米。

(3) 最大甲板可变载荷为 9 000 吨。

(4) 动力定位等级为 DP‐3。

(5) 电站功率为单台 5 530 千瓦。

(6) 井架系统为一个半井架天车补偿。

中国船舶及海洋工程设计研究院和上海外高桥造船有限公司于 2005 年完
成了目标平台的初步设计和建造方案。

2006 年,在曾恒一院士总体策划下,由中海油研究总院有限责任公司(以
下简称"中海油研究总院")牵头,联合国内优势资源,如中国船舶及海洋工程设
计研究院、上海交通大学和中国科学院力学研究所等,成立了 140 人的技术攻
关项目组。技术攻关项目组主要成员在中国船舶及海洋工程设计研究院封
闭式办公 3 个月,对世界主流半潜式钻井平台设计公司,如瑞典 GVA、美国
F&G、挪威 Aker Solutions 和荷兰 GustoMSC 等设计的半潜式平台进行梳

理分析,解决了深水半潜式钻井平台总体配置原则、设计环境、定位配置、结构形式(上部立柱、下部浮箱)、井架形式、钻井能力等一系列关键技术问题。

当时我国海洋油气开发主要集中在浅水海域,对深水海域浮式平台的定位方式几乎没有概念。在初步确定深水半潜式钻井平台主尺度和结构形式后,在上海交通大学海洋工程水池开展了模型试验。由于当时国内尚无海洋工程深水试验池,项目组克服了在浅水池中开展深水半潜式钻井平台模型试验的技术难题。上海交通大学海洋工程深水池建成后,又对深水半潜式钻井平台开展了一系列模型试验。通过多方案的比选和论证研究,项目组认为锚泊定位应用的极限水深为 1 500 米,超过 1 500 米采用动力定位,从而确定了"海洋石油 981"平台采用动力定位和锚泊定位混合定位方式。

项目组经过充分讨论分析,按技术和经济最优的原则,完成了一个完全自主的概念设计方案。回忆那段经历,中海油研究总院技术研发主任感慨地说,"海洋石油 981"概念设计方案是在黑暗中摸索,在摸索中前行,每走一小步就会碰到问题,正是解决了这一个个问题,最终见到了曙光。

2006 年中海油在项目组工作的基础上确定了以"Exd"船型的基本设计为基础进行扩展基本设计。以中国船舶及海洋工程设计研究院研究人员为主组成的前期深化研究联合项目组,在中海油曾恒一院士的支持下,到国外对第五代、第六代深海半潜式钻井平台的方案进行考察分析和研究,选定原始设计方案并提出新的优化设计方案。该院研发团队负技术责任,面对时间紧、任务重、压力大等困难,认真钻研,深入进行专项分析,集合各方技术力量,攻坚克难,顺利完成了前期的研究任务。

在接下来的详细设计及生产设计阶段,承担"海洋石油 981"设计建造任务的大团队"战场"转移到中国船舶及海洋工程设计研究院和上海外高桥造船有限公司。"海洋石油 981"项目大团队通过集中办公、共享三维平台设计信息等方式,针对平台的相关设计难点进行逐个攻关,将可能产生的问题消灭在萌芽状态。当时,"海洋石油981"的性能较前期设计已有大幅升级,下浮体及上浮体双层底中各种设备与管线非常多,以至于泵舱、推进舱被布置得密密麻麻,如同迷宫一般。为了减少建造过程中的误差,并减轻平台自身重量,中国船舶及海洋工程设计研究院进一步加大了与上海外高桥造船有限公司的合作力度,利用三维平台设计,在生产设计模型发到船厂车间之前就解决大部分技术问题,以降低返工率,确保船厂顺利施工。此外,为了更高效地解决平台建造过程中的问题,突破技术瓶颈,团队还建立了周会、月例会和高层协调会制度,通过列"问题清单"的方式汇总问题,落实责任,促进高效作业。遇到棘手问题,团队则会组织"头脑风暴"活动,广泛征集解决问题的办法。针对平台减重问题,团队通过征求建议、集思广益,最终决定在直升机平台建造中以铝合金替换钢材,优化管线布置,从而成功实现了减重目标。

　　设计团队集中各方面力量发挥团队的智慧和积极性,群策群力,在深水半潜式钻井平台总体设计、结构强度及疲劳分析、动力定位和锚泊定位、平台系统集成以及抗台风预案等方面突破了多项关键技术难关。在设计过程中,建立了深水半潜式钻井平台设计体系;基于DP-3和南海特定环境对动力设备冗余的要求,建立了考虑运动性能、气隙、可变载荷、稳性及定位能力等平台综合性能的主尺度和总布置优化设计技术;基于平台安全完整性等级和安全逻辑性分析,提出了深水半潜式钻井平台的中央控制协调集成设计方案,采用全数字化控制系统,实现了深水半潜式钻井平台规模巨大的集成控制。

　　2008年4月28日"海洋石油981"正式开工建造,2011年5月开始海上调试、试航,年底顺利交船(见图5-8)。该平台总长114.07米,宽78.68米,高112.3米。浮箱长114.07米,宽20.12米,高8.54米。作业吃水19米,生存吃水16米,拖航吃水8.2米。最大作业水深3 000米,最大钻井深度10 000米。生存时可变载荷9 000吨,自航能力最大9节。选用DP-3动力定位系统,1 500米水深内锚泊定位,入级CCS和美国船级社双船级。

　　在试航过程中,2011年6月23日下午4时许,上海外高桥造船有限公司

图 5-8 "海洋石油 981"平台在南海首钻

"海洋石油 981"项目组给中国船舶及海洋工程设计研究院领导打电话：根据中央气象台的预报,强热带风暴"米雷"正朝着我国闽浙沿海一路北上,中心最大风速 11 级以上(约 40 米/秒),要求中国船舶及海洋工程设计研究院设计人员必须在当天为正在海上作业的"海洋石油 981"做好防台风预案。

此时,"海洋石油 981"正在舟山附近海域进行水下推进器的安装作业,尚不具备自航能力,加之已用 12 根锚链锚泊定位,也无法在短时间内进行拖航撤离、回港避风。根据中海油的应急预案,所有海上作业人员须第二天中午前后全部撤离完毕,平台必须按照台风海况完成压载和锚泊定位。为此,船厂、船舶所有人项目组领导要求设计人员在当天连夜完成台风工况下的压载预案、稳性分析和抛锚方案的设计。

"米雷"是"海洋石油 981"出海以来遇到的首次强热带风暴考验。接到电话后,中国船舶及海洋工程设计研究院成立了抵御"米雷"设计预案的"党员突击队"。接到任务后,他们二话不说,立下"军令状"：午夜 12 点之前完成海上项目组所需的计算和分析,确保平台在第二天天亮前配载到强热带风暴吃水,确保锚链释放方案满足抵御"米雷"的要求。

面对成堆的问题,大家科学分工,分头行动,优化流程,密切配合,达成一致。整理数据、汇总结果、编写报告,紧张而有序地忙碌后,中国船舶及海洋工程设计研究院"海洋石油981"项目组所需要的计算分析报告全部完成,在深夜最后一份传真发出并确认对方收到后,大家才动身回家。

2011年6月26日清晨,"米雷"离开江浙沿海,气象部门解除了台风警报。平台经受了考验,安然无恙。这次紧急任务的顺利完成,很好地体现了中国船舶及海洋工程设计研究院党员创先争优的干劲和先进性。

2011年年底,"海洋石油981"在上海正式交付。该平台的顺利交船不仅填补了我国在深水钻井特大型装备项目上的空白,更是我国船舶工业和海洋石油工业发展史上的一个重要里程碑,标志着我国海洋装备建造水平和深水油气资源的勘探开发能力进入了世界先进行列。"海洋石油981"项目开创了6个世界首次:首次采用南海200年一遇的环境参数作为设计条件,大大提高了平台抵御环境灾害的能力;首次采用3000米水深范围DP-3动力定位、1500米水深范围锚泊定位的组合定位系统,对平台节能模式进行了优化升级;首次突破了半潜式钻井平台可变载荷9000吨,为当时世界半潜式平台之最,大大提高了远洋作业能力;首次成功研发了世界顶级高强度R5级锚链,引领国际规范的制定,也为国内供货商走向世界提供了条件;首次在船体的关键部位安装了传感器监测系统,为研究半潜式钻井平台的运动性能、关键结构应力分布、锚泊张力范围等建造系统的海上科研平台,为中国在半潜式钻井平台应用于深海开发方面提供了宝贵的设计依据;首次采用了先进的安全型水下防喷器系统,紧急情况下可自动关闭井口,能有效防止事故的发生。

该项目还创造了10个国内首次:中海油首次拥有第六代深水半潜式钻井平台船型基本设计的知识产权,通过基础数据研究、系统集成研究、概念设计和详细设计,使国内形成了深水半潜式钻井平台自主设计的能力;首次应用6套闸板及双面耐压闸板的防喷器、防喷器声呐遥控和失效自动关闭控制系统,以及3 000米水深隔水管及轻型浮力块系统,大大提高了深水水下作业安全性;首次建造了国际一流的深水装备模型试验基地,为在国内进行深水平台自主设计、自主研发提供了试验条件;首次完成世界顶级第六代的深水半潜式钻井平台的建造,使国内海洋工程的建造能力跨入世界最先行列;首次成功研发液压铰链式高压水密门装置并应用在实船上,解决了传统水密门不能用于空间受限、抗压和耐火等级高、布置分散和集中遥控的难题,使国内水密门的结构设计和控制技术处于世界先进水平;首次应用一个半井架、防喷器和采油树存放于甲板两侧、隔水立管垂直存放及钻井自动化等先进技术,大大提高了深水钻井效率;首次应用了远海距离数字视频监控应急指挥系统,为应急响应和决策提供更直观的视觉依据,提高了平台的安全管理水平;首次完成了深水半潜式钻井平台双船级入级检验,并通过该项目使中国船级社完善了深水半潜式钻井平台入级检验技术规范体系;首次建造了全景仿真模拟系统,为今后平台的维护、应急预案制订、人员培训等提供了最好的直观情景与手段;首次建立了一套完整的深水半潜式钻井平台作业管理、安全管理、设备维护体系,为在南海进行高效安全钻井作业提供了保障。

"海洋石油981"平台建成后多次在南海海域开展深海钻探作业(见图5 - 9)。2012年5月9日,"海洋石油981"平台在南海海域正式开钻,是中国石油天然气集团有限公司首次独立进行深水油气的勘探,标志着中国海洋石油工业的深水战略迈出了实质性的步伐。2014年7月15日,"海洋石油981"平台结束在西沙中建岛附近海域的钻探作业,按计划顺利取全取准了相关地质数据资料。2014年8月30日,"海洋石油981"平台在南海北部深水区陵水17 - 2 - 1井测试获得高产油气流,是中国海域自营深水勘探的第一个重大油气发现,同时该平台获得2014年国家科学技术进步特等奖(见图5 - 10)。2015年12月2日,由海洋石油981承钻的我国首口超深水井陵水18 - 1 - 1井成功实施测试作业,这表明我国已具备海上超深水井钻井和测试全套能力,陵水18 - 1 - 1井的

图 5-9　南海作业中的"海洋石油981"平台

图 5-10　"海洋石油981"半潜式钻井平台
获得国家科学技术进步特等奖

测试成功,是我国在深水勘探领域的又一重大技术突破,开启了我国海洋石油工业勘探的超深水时代。

3."海洋石油982"半潜式钻井平台

"海洋石油982"是中海油田服务股份有限公司自主投资建造的第一座深水半潜式钻井平台。该平台2015年7月1日在中船重工大连船舶重工集团海洋工程有限公司正式开工建造,挪威埃捷力海洋工程集团为其提供详细设计和钻井包,2018年3月14日,"海洋石油982"正式交付使用。

"海洋石油982"深水半潜式钻井平台长104.5米,宽70.5米,高37.55米,甲板可变载荷5 000吨,最大作业水深1 500米,最大钻井深度9 144米。"海洋石油982"平台采用A5000船型,主体为双浮箱、四立柱、箱型结构,采用DP-3定位方式,是国内最先进的第六代钻井平台之一,具备水下设备、采油树操作和服务能力。

"海洋石油982"设计阶段就充分借鉴"海洋石油981""兴旺号"等深水半潜式钻井平台的设计、建造及运营经验,综合权衡经济、性能、安全等因素,力求实现最高性价比。

首先在船型选择上进行了充分考虑。选定船型先要确定作业水深,从500~3 000米水深,世界著名设计公司的船型库里有许多船型,但具体选哪种,需综合考虑技术、成本、市场等因素。

最初出于市场考虑,根据全世界油气主产区海域的水深来确定"海洋石油982"的作业水深,但要确定这个数据,又需查找许多资料,难度很大。经过多方努力,设计人员统计出世界油气主产区水深多在1 500米以下,国内未来规划产区的水深也大多在1 500米覆盖范围,由此确定"海洋石油982"作业水深为1 500米。

确定水深之后,另一个重要参数——环境条件也需敲定。环境条件必须覆盖目标海域,特别是南海。但南海少部分区域风浪流参数非常高,如果全覆盖,"海洋石油982"造价势必很高,不经济;覆盖太小,作业范围又受限。为确定最合适的风浪流条件参数,中海油服邀请独立第三方分析论证,多次召开专家会,同时邀请中国气象局展开专项的气象分析,最终选择了一组能够覆盖南海90％海域的气象环境参数。

此外,设计人员还详细研究了当前国际深水钻井平台的最高建造标准及国际海洋钻探的最新规范要求,并体现在设计中。经反复论证,最终确定在"兴旺"号船型的基础上进行改进与创新,以此作为"海洋石油982"的船型。具体讲,"海洋石油982"主体为双浮箱、四立柱、箱型结构。这种船型使得"海洋石油982"更经济、更人性化。

"海洋石油982"型长104.5米,型宽70.5米,总高105.8米,适用于全球1 500米水深海域作业,最大钻井深度9 144米,最大可抗16级台风,定位能力能达到一米。该平台入级DNV和CCS,满足新生效和即将生效的新规范、国际公约要求,附加CLEAN船级符号,预留了升级满足TIER Ⅲ排放要求的能力,增强了平台的安全性和环保性。平台采用国际先进的锚泊和DP-3动力定位系统,创新了锚泊和动力定位联合作业模式,提高了平台营运的经济性能。平台配置强大的电站,主发电机功率可满足约15万人口的城镇用电,先进的闭环电网可分享负载,较现有深水半潜式钻井平台节省11％的电力。最优性价比的设计使其能够大幅降低作业成本,具备较强的竞争优势。"海洋石油982"平台在设计时充分考虑到南海恶劣的海况条件,适用于全球1 500米水深海域作业,设计寿命为25年,可以抵御中国南海百年一遇的恶劣海洋环境的影响。

从基本参数上看,"海洋石油982"比"海洋石油981"体积小:"海洋石油981"船长114.07米、宽78.68米,井架高137米,甲板可变载荷9 000吨;"海洋石油982"船长104.5米、宽70.5米、井架高105.8米,甲板可变载荷5 000吨。由于体积小,"海洋石油982"造价比"海洋石油981"减少1/3,得益于此,后期设备折旧费相对减少,有利于作业成本的降低。由于船型相同,"海洋石油982"与"兴旺"号体积相当。

从操作性能看,"海洋石油 982"最大作业水深 1 500 米,最大钻井深度 9 144 米;而"海洋石油 981"最大作业水深 3 000 米,最大钻井深度 10 000 米;"兴旺"号最大作业水深也是 1 500 米,最大钻井深度 7 500 米。由于"兴旺"号采用挪威北海的寒带作业设计,整个系统有加热保温系统,井架有挡风设计,因而其更适应在挪威、北海等寒冷地区作业。"海洋石油 981""海洋石油 982"作业区域主要是在南海。

从装机容量看,"海洋石油 982"总装机容量较"兴旺"号等同类型平台增加 20%以上,可携带绝大部分钻井工具和材料,满足至少一口井钻井作业的全部物资需求。

"海洋石油 982"更人性化,如过道宽、能用手推车,生活设施防噪声效果好等。"海洋石油 982"堪称当前世界上最先进的第六代钻井平台之一,配备有世界上最先进的深水水下防喷器装置,采用电气和液压复合控制模式,运用电源应急关断时自动激活水下防喷器应急解脱功能的先进技术,使水下井口更加安全可靠,配置强大的电站和推进系统,采用最先进的闭环电力系统和 DP-3 动力定位系统。

其中,最值得一提的是"海洋石油 982"的定位系统和电站。定位系统方面,无论是"海洋石油 981""海洋石油 982"还是"兴旺"号,都具有双定位功能,即 DP-3 动力定位系统与锚泊定位系统。DP-3 动力定位系统能自动采集风浪流等环境参数,自动计算,控制推进器推力。自动定位效率高,钻井平台开到既定位置、利用 GPS 输入位置指令后,就能开始钻井作业。而锚泊定位在 1 000 米水深需要 3 到 5 天时间才能完成定位。

在电站方面,"海洋石油 982"采用闭环电网设计,可分享负载。海上钻井平台的电力均为燃油发电,因而钻井作业时"海洋石油 982"日耗燃油少,有利于降低作业成本。

大船集团在平台建造过程中专项研发了先进的项目完工管理系统,以统筹项目管理工作,采用权重比与实物量相结合的量化、数据化控制手段,有效地实现了建造过程的科学管控,实现零事故,探伤一次合格率高达99％。DP‑3闭环动力控制海上试验仅历时一周便完成所有复杂测试工作,且最为关键的全船短路试验一次性成功,创造了世界上首座半潜式钻井平台DP‑3闭环短路试验一次成功的先例,标志着大船集团在高新技术密集的海洋工程深水半潜式平台领域走在了行业的最前列。

"海洋石油982"的入列,进一步完善了我国深水钻井装备梯队的建设,进一步提升了我国海上油气开发的能力,将为海洋强国贡献更大力量。

4."蓝鲸1号"半潜式平台

"蓝鲸1号"是当时全球最先进的超深水双钻塔半潜式钻井平台,采用Frigstad D90基础设计,由中集来福士完成全部的详细设计、施工设计、建造和调试,配备DP‑3动力定位系统,入级挪威船级社。平台长117米,宽92.7米,高118米,最大作业水深3 658米,最大钻井深度15 250米,是当时全球作业水深、钻井深度最深的半潜式钻井平台,适用于全球95％深海作业。与传统单钻塔平台相比,"蓝鲸1号"配置了高效的液压双钻塔和全球领先的西门子闭环动力系统,可提升30％作业效率,节省10％的燃料消耗。该平台先后荣获2014年 World Oil 颁发的最佳钻井科技奖以及2016国际海洋工程技术大会(offshore technology conference,OTC)最佳设计亮点奖。

另外,"蓝鲸1号"也是全球最大的半潜式钻井平台,空船重量达到43 000吨。"蓝鲸1号"拥有27 354台设备,40 000多根管路,50 000多个报验点,电缆拉放长度120万米。行驶在海面上的时候,"蓝鲸1号"就是一艘平稳的大船,但它的使命是深海钻探。深海钻探时,当"蓝鲸1号"漂浮在海面上,它连接的是细细的钻杆深深地钻进海底,这就要求即使遭遇强烈的台风、海流,"蓝鲸1号"也必须牢牢停留在原地,否则就会发生钻杆折断的惨剧。"蓝鲸1号"之所以能够被称为全球最先进的深海钻井平台,就在于它配备了DP‑3动力定位系统。DP‑3动力定位系统的作用就是:通过收集"蓝鲸1号"底部8个推进器的转速、方向,以及风、浪、海流等环境参数,进行精密计算和分析,并实时控制8个推进器的转速和方向,确保"蓝鲸1号"能在飓风、海流的袭击下保持岿然不动。作为最先进一代超深水双钻塔半潜式钻井平台,该平台不仅在物理量上远超于其他项目,而且在设计建造过程中,克服了技术攻关、项目管理、全球采购、实际作业应用等诸多挑战。

中集来福士采用详细设计和基础设计并行推进的策略,仅用9个月即完成了平台的设计任务,比标准设计周期缩短了3个月;首次使用100毫米NVF690超厚钢板,在全球率先成功完成CTOD实验[①],使中集来福士成为全球唯一一家超深水钻井平台通过CTOD实验,并具有该类焊接生产能力的企业;在项目中首次运用"日清日结、日事日毕"的精细管理,提高生产进度15%。该项目始终坚持零伤害安全目标,保障生产人员的职业健康,保护环境,创造了连续两年无损工作的安全纪录,得到船舶所有人、船检的认可。

"蓝鲸1号"一次出航最多可以携带近200根隔水套管,1 000多根钻杆,为了打造更高的经济效率,"蓝鲸1号"采取了双钻塔结构。其中一个钻塔负责钻井,另外一个钻塔负责处理并联结钻杆。钻塔高达67米,拥有48米的提升高度,以及双井心的配置。因此,当一个井芯钻探时,另外一个井芯就可以把3根15米长的钻杆联接成一根45米长的钻杆,源源不断地提供给钻井的井芯使用,大大地提高了作业效率。

要带动双钻塔以及配套的系统,需要更为强大的动力。"蓝鲸1号"8台主机能够产生相当于一个50万人口城市的用电量。"蓝鲸1号"超深水钻井平台还拥有全球领先的闭环动力系统。这个系统把"蓝鲸1号"上的8台主机连接起来,不断根据实际的动力需求,自动安排8台主机哪些起动、哪些关闭,甚至能够精准地调节每台主机动力输出的大小,有效地减少了主机运行和维护时间。

这个闭环系统也是中国第一个试验成功的案例,它能够降低11%的油耗,减少35%的氧化氮和20%的二氧化碳排放,并将主机维修费用降低50%。

---

① 裂纹尖端张开位移(crack tip opening displacement)实验。

"蓝鲸1号"拥有27 354台设备,而平台上只有100多名船员,仅仅靠这些船员无法管理如此众多的设备,因此它构建了极其复杂且可靠的神经网络,由专门控制室进行网络管理。"蓝鲸1号"是中集来福士交付的第9座深水半潜式钻井平台,进一步巩固了中集来福士在半潜式钻井平台领域的批量化交付能力,同时锻炼出了一支优秀的项目管理和建造团队。中集来福士助力国家的深海战略,为海洋能源开发,提供了更多高品质、先进的深海装备。

"蓝鲸1号"在2018年11月获得了工业设计领域国家级奖项——中国优秀工业设计奖,这样的高端海工装备,已成为保障国家战略能源供应和经济持续增长的重要支撑。"蓝鲸1号"拥有可靠、高效且充足的钻井能力,核心的钻井系统采用了双钻塔、液压主提升、岩屑回收、超高压井控等大量的新技术,钻井设备布置紧凑具备安全、环保、低成本、施工精度高等作业优势。目前,中集来福士在深水半潜式钻井平台全球市场份额从零到27%,在建深水平台数量世界第一,已具备较强的国际竞争力。中国海洋工程也会成为未来中国制造"走出去"和开展"一带一路"建设的重要载体。

第四节 我国半潜式生产平台发展

海上油气生产平台的功能是进行油气生产性的开采、处理、储藏、监控、计量等作业。海上生产平台可分为固定式生产平台与浮动式生产平台。当在深海进行油气生产作业时,因固定式生产平台工程造价随水深大幅度增加,且无法移位,已被移动式平台所取代。

目前具备深水油气生产的可移动式生产平台主要包括半潜式生产平台(SEMI‐FPS)、立柱浮筒式平台(Spar)、张力腿平台(tension leg platform,TLP)和FPSO(见表5‐2)。

表 5-2　主流生产平台比较

型　式	FPSO	SEMI-FPS	TLP	Spar
工作水深/米	30～3 000	80～2 400	100～2 000	600～3 000
适用海域	浅海、深海、超深海	深海、超深海	浅海、深海	深海、超深海
造价/亿美元	2～11(不同型号差异大)	2～5	常规5～7,小型1～2	1.5～5.0
目前签约量/座	196	48	24	21
优点	储量大、机动灵活、适用水深范围大、初期投资小	可变载荷增大、外形结构简化、船体安全性良好和较长期工作能力	维护费用低、宜采用悬链式立管、可重复利用,抗震能力强	稳定性高、宜采用悬链式立管、可变载荷大、利于后期侧置钻井
缺点	操作费用高、需要水下采油树、立管要求高	涡激运动、平台纵/横摇运动周期减小	可变载荷小、需要动力船体系统、张拉索易疲劳、不利于后期侧置钻井	需要大型浮吊安装上部模块

与 TLP 和 Spar 平台相比,SEMI-FPS 具有如下优点:它不像 TLP 那样对水深敏感;它的可变载荷更大,可以适应液压/气动张紧器的要求;可以实现上船体的码头安装和整体拖航,避免了海上安装的风险,成本也较低;甲板面积更大,装载能力强,有利于生产设施的布置,因此在深水油气田开发中被广泛应用。

SEMI-FPS 具有半潜式生产平台的船型特点,由上平台、立柱和下浮体组成。上平台底高出水面一定高度(气隙),以免受到波浪的拍击,下浮体提供主要浮力,并且没于水面以下,以减小波浪的扰动力,上平台与下浮体通过立柱连接,自由液面附近具有小水线面的特性,耐波性优良。

深水 SEMI-FPS 下浮体多采用大尺寸水平撑结构或环形结构,需抵抗100 年一遇的恶劣海况,且整体排水量大,以支撑更重的上部生产设施。SEMI-FPS 排水量多为 6 万～7 万吨(较大的为10 万吨左右),上部设施重

1万～2万吨。

早期的 SEMI－FPS 很多由半潜式钻井平台改造而来，因此其船型具有这种平台的船型特征，表现在采用双下浮体、四立柱或六立柱、箱形上平台。例如，1997年在巴西 Marlim 油田投产的 P－19 SEMI－FPS 就属于该类船型，如图5－11所示。

图5－11　1997年投产的巴西 P－19SEMI－FPS

该类船型用于生产平台有以下不足之处：

（1）双下浮体形式虽然机动性略好，但运动性能较环形下浮体差。

（2）圆形立柱涡激运动较显著。

（3）六立柱占据了较大的下浮体甲板空间，可布置立管空间较少。

（4）箱形上平台结构重量较大，牺牲较多上部模块有效载荷，也不利于上部油气处理模块布置。

为改善上述不足之处，出现了环形下浮体、四立柱（方形倒圆角截面）、桁架式上平台的 SEMI-FPS。例如，巴西 Roncador 油田投产的 P-55 SEMI-FPS 就属于该类船型，如图 5-12 所示。

图 5-12　巴西 P-55SEMI-FPS

随后，为了进一步改善运动性能，在此基础上又出现了深吃水 SEMI-FPS。深吃水 SEMI-FPS 作业吃水一般大于 27 米，主要包括服务巴西海域的 P-51、P-52 和 P-56，以及服务墨西哥湾的 Thunder Hawk、Blind Faith 和 Independence Hub 等型号。

近年来，国外一些设计公司开展了采用干式采油树的 SEMI-FPS 研究，提出了若干新型的 SEMI-FPS 概念。较为成熟的有美国 FloaTEC 公司提出的桁架式 SEMI-FPS(见图 5-13)和可伸展吃水 SEMI-FPS(见图 5-14)，但干树深吃水型 SEMI-FPS 目前还处于概念设计阶段。

图 5-13　桁架式 SEMI-FPS　　　　图 5-14　可伸展吃水 SEMI-FPS

当前，主流 SEMI-FPS 的船型特点如下：

(1) 下浮体呈环形。

(2) 设置四根立柱。

(3) 采用无撑杆设计。

(4) 上平台采用桁架式。

(5) 吃水 27 米以上。

采用环形下浮体(见图 5-15)可增加储油量，同时可使平台具有更大的附连水重量和黏性阻尼，获得更优异的运动性能。当然，环形下浮体的机动性相比双下浮体(见图 5-16)更差，但生产平台不同于钻井平台，对机动性的要求并

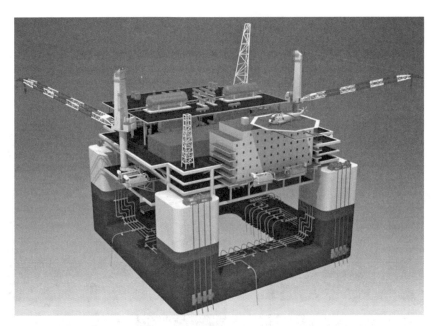

图 5-15　典型半潜式生产平台船型示意图（环形下浮体）

图 5-16　典型半潜式生产平台船型示意图（双下浮体）

不高。采用四根立柱,结构型式更为简洁,所受风、浪、流环境载荷更小,可获得更优异的定位性能。采用桁架式上平台,可以有效地降低上平台结构重量,提高上部模块有效载荷,并且有利于上部油气处理模块通风,保障平台安全。

该类型的 SEMI - FPS 具有运动性能优良、结构疲劳寿命高、定位性能优异、上部模块有效载荷高、油气处理作业安全高效等特点。

一、"南海挑战号"半潜式生产平台

"南海挑战号"是我国用于南海流花 11 - 1 油田作业的 SEMI - FPS。

流花 11 - 1 距香港地区东南部约 220 千米。其油田开发历程为:1986 年 11 月 12 日,中海油与美国阿莫科石油公司签订 29/04 合同区石油合同。1987 年 1 月钻探流花 11 - 1 - 1 井,发现了流花 11 - 1 油田,地质储量 1.647 亿立方米,是中国南海东部储量最大的油田。之后,流花 11 - 1 油田开发经历长达六年的前期可行性研究,经反复论证后,确定采用"全海式"开发工程模式。由"浮式生产/钻井系统(FPS)+浮式生产储卸装置(FPSO、含永久式单点系泊)+水下井口及生产系统"组成。1993 年 3 月批准最终开发方案,总开发费用 6.53 亿美元。为了尽快投入油田开发,经过分析比较,油田采购了一座建造于 1975 年的 Sedco700 型半潜式平台,作业水深 300 米。1995 年在新加坡按 FPS 要求进行改装,具备了钻井、生产支持平台,具有钻井、完井、修井、发电、电潜泵供配电、水下设备安装维修、水下系统控制、遥控无人潜水器(remote operate vehicle,ROV)支持作业等功能。1996 年 3 月 29 日投产,由中外联合作业管理。2003 年 7 月 24 日,中海油从 BP 和科麦奇公司收购其拥有的 49%权益,从而拥有流花油田 100%权益。流花油田成为南海东部地区和深圳分公司的首个自营油田。

该项目的实施实现了我国海洋石油开发的多个"首次":首次在南中国海应用深水永久式系泊系统;首次在我国海上油田开发应用浮式半潜式生产系统取代导管架固定平台开发深水油田;首次在世界海上油田开发应用悬挂柔性立管系统控制水下井口管汇和生产系统。

流花11-1油田开发模式如图5-17所示,该油田于1996年3月29日投产,包括流花11-1主井区25口井和流花4-1井区8口井,油产量12000桶/天,油田储量2亿立方米。

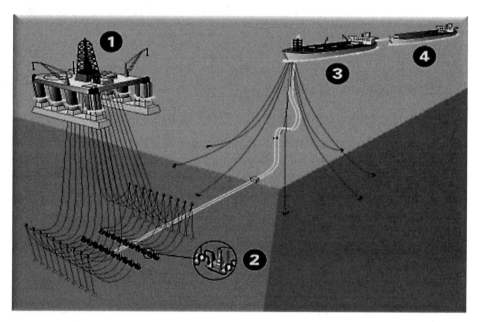

图5-17　流花11-1油田开发模式

1—"南海挑战号"SEMI-FPS;2—水下井口及生产管汇;3—FPSO;4—穿梭油船。

"南海挑战号"的主要设计环境条件和生产要素为有义波高13.2米,风速50.6米/秒,海流流速2.26米/秒,最大波高周期15.3秒,最大管路工作压力15.5兆帕,单井高峰日产量2384立方米/日,含水范围0～93%,大气温度16.5～33.7摄氏度,水下作业温度11～31摄氏度,井液温度11～52摄氏度,设计寿命10年,作业水深1000英尺。

"南海挑战号"的主要参数为:自重量16735吨,总长89.916米,型宽74.676米,型深39.624米,定员130人,船级社ABS。

"南海挑战号"系泊系统为11点分布式永久系泊系统,系统由11台锚机驱动,锚索从平台到锚点组成依次为4-3/4英寸RQ4平台链、5-3/16英寸水中

钢缆、5-1/2英寸RQ3海底链、5-3/16英寸锚端钢缆、40吨大抓力锚。锚机
控制系统可控制锚机收放各锚索,使平台能顺利移动到油田范围内任意井口上
方进行钻修井作业(见图5-18)。

图5-18 "南海挑战号"SEMI-FPS

"南海挑战号"配置了3台3.3兆瓦和2台5.5兆瓦柴、重油发电机组,立管
包括28根水下电缆、5条液压和化学药剂注入管线,以及1条服务立管;配置
了2台100马力的水下遥控机器人。

2011年11月至2012年4月,"南海挑战号"在广州中船黄埔造船有限公
司龙穴厂区进行了坞修,共计完成了该平台维修工程、管道维修工程、电站改造
及电气设备维修工程、井架及吊机更换工程、钻修井系统大修工程、锚机修理及
锚机房更换工程等九大工程项目,同时为满足新油田的开发要求,还新增了电
器系统、水下控制系统、化学剂系统、电缆悬挂系统等。由于兼具多种功能,其

系统布置极为复杂,修理难度之大、复杂程度之高远远超过了我国船舶工业现有的坞修水平,不亚于新建一座平台。

"南海挑战号"具备采用系泊系统进行移位的功能,以便对井口进行修井作业。平台根据需要能够在长轴为100米的椭圆边界内移动到任一位置,简要步骤如下:

(1) 利用模拟软件得到拟定锚点的链长数据。

(2) 将数据输入到控制电脑中,起动所有液压泵,打开止链器。

(3) 确保所有水下作业(钻修井和水下机器人)已经暂停并不受影响。

(4) 启动控制系统指挥锚机回收或者下放锚链,使锚链长度达到输入值。

(5) 确认平台位置,如有需要可以现场操作锚机进行微调。

当"南海挑战号"遭遇1分钟平均风速大于70节时,平台需要提前起动如下生存模式:

(1) 停止所有钻修井作业,平台移动到中心管汇。

(2) 调整压载,使平台吃水保持22.86米,保持平吃水。

(3) 减小锚链张力到平均张力在1 267.7千牛。

(4) 尽量减少甲板可变负荷,不能超过2 787吨。

(5) 检查确保平台所有水密舱口,水密门已经关好。

为保障海上作业安全,上述天气出现前公司会采取台风关停人员撤离措施,还需要采取如下措施:

(1) 关停所有生产井,逐步关停平台所有设备。

(2) 确保吊车和应急发电机燃料已经加满。

(3) 绑扎好可移动货物(设备)和救生消防设备。

(4) 确保防碰撞设备(障碍灯和雾笛)正常。

"南海挑战号"由半潜式钻井平台改造而来,具有早期半潜式钻井平台的船型特征。它由两个下浮体、八根立柱、若干撑杆和单甲板上平台构成(见图5-19,图5-20)。该平台型式的主要缺点:一是运动性能稍差;二是结构节点较多,易发生结构疲劳破坏。

为改善上述缺点,当代新建 SEMI - FPS 逐渐采用环形下浮体、四根方截面立柱、无撑杆的结构型式(见图 5 - 19、图 5 - 20)。

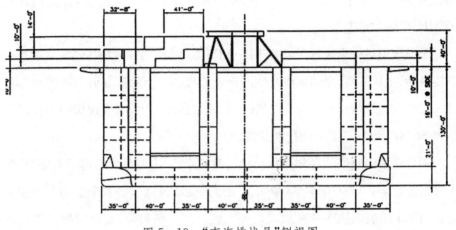

图 5 - 19 "南海挑战号"侧视图

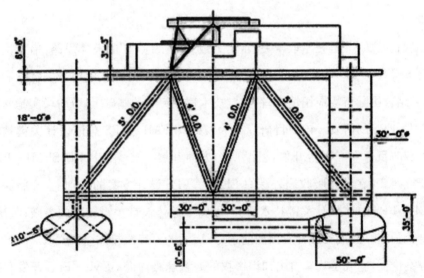

图 5 - 20 "南海挑战号"艉视图

二、深水 SEMI - FPS 总体设计关键技术研究课题

为保证我国能源战略的顺利实施,推动船舶工业"转型升级",实现我国成

为世界造船强国的战略目标，工信部2012年11月启动了"深水SEMI-FPS总体设计关键技术研究"项目，开展深海SEMI-FPS总体设计关键技术研究，进而紧密结合我国南海海域自然环境条件和油气资源开发需求，开发出深海SEMI-FPS设计方案。

项目研究目的是通过开展SEMI-FPS总体设计关键技术研究，突破平台总体性能、结构性能、上部采油及生产作业流程、定位系统、立管系统等总体设计关键技术，形成深海SEMI-FPS自主开发设计能力，为实现国内设计制造深海SEMI-FPS奠定工程技术基础。

项目由中国船舶及海洋工程设计研究院牵头，上海外高桥造船有限公司、上海交通大学、中国石油大学（华东）、中海油能源发展股份有限公司采油服务分公司和中国船级社联合参加，"产、学、研、用"紧密联合，充分发挥了各自在"十五""十一五"期间取得的科研成果，为该项目的顺利完成奠定了坚实的基础。

项目按照"关键技术取得突破，研究成果拓展应用"的总体思路，借鉴世界深海SEMI-FPS发展趋势和主流型式，着眼我国南海油气资源开发背景和前景，并结合国际市场应用情况，在关键技术攻关突破的基础上，分阶段实施深海SEMI-FPS的研发。该项目研究分为"深海SEMI-FPS总体设计关键技术研究"和"目标生产平台开发设计"两个方面开展。首先，以深海SEMI-FPS为研究对象，在消化吸收国外深海SEMI-FPS设计方案的基础上，开展深海SEMI-FPS总体设计关键技术研究，取得了总体设计关键技术的突破；其次，结合我国南海油气资源开发预测前景，开展了8万吨级排水量SEMI-FPS总体方案论证，完成了具有自主知识产权的8万吨级深海SEMI-FPS开发和基本设计，设计图纸文件通过了中国船级社和美国船级社审查认可。最后，结合该项目研究期间南海油气资源最新勘探和区域发现情况，又完成了具有自主知识产权的4万吨级深海SEMI-FPS开发和概念设计，设计图纸文件通过了法国船级社（Bureau Veritas，BV）审查认可。

通过开展 SEMI‐FPS 总体设计关键技术研究,突破平台总体性能、结构性能、上部采油及生产作业流程、定位系统、立管系统等总体设计关键技术,形成深海 SEMI‐FPS 自主开发设计能力。在此基础上,紧密结合我国南海海域的自然环境条件,研究开发深海 SEMI‐FPS 设计方案,其功能满足我国南海海域深海油气资源开发的需求(见表 5‐3)。

表 5‐3　项目技术指标

技术指标		研制任务书要求	8 万吨级目标平台	4 万吨级目标平台
使用海域		我国南海及世界其他中等海况深水海域	我国南海及世界其他中等海况深水海域	我国南海及世界其他中等海况深水海域
工作水深/米		2 300	2 300	2 000
功能设置		采油、生产,修井功能视论证而定	采油、生产	采油、生产
定位方式		12～16 点锚泊定位	16 点锚泊定位	16 点锚泊定位
排水量/吨		80 000～90 000	82 900	48 260
有效载荷/吨		约 25 000	33 300	16 000
生产处理能力	原油/(千桶/天)	150～200	200	4
	气/(万立方米/天)	283 万～425 万立方米	510 万立方米	1 370.5 万立方米

(一)取得的主要成果

1) SEMI‐FPS 总体设计技术

在充分调研国外成熟深海 SEMI‐FPS 的基础上,研究了平台典型型式、主要功能、技术指标、设计基础、主尺度规划方法、上部模块有效荷载特点、水密完整性及稳性分析方法、平台总布置规划方法、平台安全环保设计及风险分析方法,形成了深海 SEMI‐FPS 总体方案论证及设计方法和流程。

在此基础上,分别结合我国南海油气开发的未来和当前现实需求,完成了 8 万吨级和 4 万吨级排水量 SEMI‐FPS 的开发设计,其中 8 万吨级深海 SEMI‐FPS 基本设计的相关图纸文件通过了中国船级社和美国船级社审查认可,4万吨级深海 SEMI‐FPS 概念设计的相关图纸文件通过了法国船级社审查认可。

2) SEMI‐FPS 水动力性能数值分析技术

该项目开展了 SEMI‐FPS 运动性能分析理论研究,包括三维频域零航速理论、非线性时域分析理论、锚泊系统/立管耦合分析方法等,进而指出深海 SEMI‐FPS 运动性能分析的耦合及非线性特点。针对目标平台自由漂浮状态进行了一阶频域、二阶时域以及考虑系泊系统和立管耦合的时域计算,并与模型试验进行了比较研究,得出了深海 SEMI‐FPS 运动性能影响因素,提出了在平台不同设计阶段运动性能预报方法的建议。

针对深海半潜式平台波浪爬升、气隙响应以及涡激运动等复杂水动力问题开展了科研攻关,确定了考虑完全非线性特征的研究方法和手段,建立了数值预报的理论模型。

在波浪爬升、气隙性能研究中,重点研究了数值波浪水池的构建、平台立柱的波浪爬升效应的内在机理,并获得了散射参数、波陡参数以及倒角率的变化对立柱波浪爬升幅度影响的拟合曲线,对平台立柱的选型设计提供了重要参考。基于上述研究成果,深入开展了半潜式平台的气隙响应研究,建立了适用于研究浮式平台与波浪相互作用的气隙响应模型,解决了“既能较好地适应平台运动,又确保平台周围和自由液面处的流场能精确模拟”的关键技术,研究了平台下甲板处气隙响应的分布特点,为平台设计提供了重要参考。

在涡激运动性能研究中,基于数值模拟和模型试验相结合的方法,系统研究了深吃水半潜式平台的涡激响应特征。对涡激运动的机理性、参数敏感性以及三维特征进行了深入研究,并成功提出了一种能够抑制涡激运动响应的平台主体形式,采用模型试验方法对涡激运动的改善方案进行了验证,为提出性能优良的半潜式平台方案奠定了基础。

3) SEMI‐FPS 结构设计与分析技术

该项目形成的深海 SEMI‐FPS 结构设计方案,填补了国内在该领域的技术空白。该项目在国内首次研究并突破了桁架式上部模块结构参与半潜式平台总强度的设计分析方法，突破了上部模块海上安装分析技术；首次应用优化软件形成了工程化的平台浮体结构参数化建模与构件尺寸数值优化设计方法，取得了可观的优化效果；首次应用数值分析方法，完成了开敞桁架式上部模块结构振动与噪声评估。

4）SEMI-FPS 系泊定位系统设计与分析技术

针对超深水系泊定位系统的主要难点和关键技术，研究总结出一整套适用于"深海 SEMI-FPS 系泊定位分析"的理论和方法，并对深海 SEMI-FPS 的定位方案开展论证筛选，系统分析了目标平台系泊定位系统的极限强度和疲劳寿命，通过不断修正和优化锚索的相关参数，确定了最终的系泊布置方案和锚索参数。基于上述研究成果，完成平台永久系泊定位系统的配置，并制订了海上安装技术方案。

针对 SEMI-FPS 立管配置众多的特点，该项目建立了平台、系泊系统和立管系统的数值模型，从立管系统的刚度、附加重量和拖曳载荷等方面出发，深入分析了其对平台的偏移和系泊缆顶端张力影响。基于上述研究成果，该项目提出了"在对诸如 SEMI-FPS 这种拥有多立管系统的生产装置开展系泊系统设计时，必须考虑立管系统的作用"结论，研究方法和结论对该类平台的系泊定位设计提供了重要的思路。

该项目总结各规范关于系泊系统疲劳的理论和标准，获得针对 SEMI-FPS 系泊系统疲劳寿命的分析方法和流程。该项目采用分块法将波浪散布图离散成若干个随机波浪的组合，研究了各种疲劳计算方法的相关参数对疲劳损伤的影响，分析不同环境组合条件下，波频、低频系泊张力的标准差和过零周期，通过一系列的研究计算，获得锚索不同位置处的疲劳寿命特性。

对于采用半张紧式永久系泊定位的目标生产平台，在进行系泊定位方案设计时要尽可能地考虑各设计参数间的关系，制订出定位性能最佳的系泊系统设计方案。通过建立系泊分析优化工作流，采用试验设计、单目标优化、多目标优化算法,针对平台漂移和锚索张力进行优化工作。获得了精确、高效的系泊定位系统优化方法,提高了现有系泊系统配置的定位性能。

5) SEMI-FPS立管设计与分析技术

结合SEMI-FPS的船型特点,对适用的立管类型及布置方式、立管分析技术以及立管研制技术要求开展了研究工作,形成了适用于SEMI-FPS的立管设计与分析技术,为平台立管的选型布置、设计分析奠定了技术基础。在此基础上,针对目标平台钢悬链立管系统,开展了立管强度与疲劳分析工作,特别是针对南海特有的内波环境条件,进行了立管强度校核与干涉分析,总结了目标平台立管系统的强度、疲劳特性。

6) SEMI-FPS水池模型试验技术

针对深海SEMI-FPS系统的混合模型试验方法问题,该项目提出了用于截断系统设计的四层筛选法,并自主开发了高效的数值计算和水深截断设计模块,能够解决复杂深水系泊与立管系统的截断问题。该方法通过逐层搜索最优解,多目标搜索效率高,可同时确保系统和单缆力学特性相似,且适用于链-缆-链复合型式系泊缆以及不同缆组成的非对称系泊系统,以及类似目标平台复杂非对称布置的立管系统。该项成果成功应用于目标平台系统水池模型试验,代表了目前国际上深海平台系统混合模型试验方法的最高水平。

7) 深水油气田油气处理工艺流程设计技术

通过搜集南海已投产油气田的生产要素、总体开发方案等资料,结合国外类似排水量的SEMI-FPS资料,确定了目标油田生产要素。在此基础上,以经济、技术适应性为目标,选择适合目标平台的海上油田人工举升方式、原油外输方式和修井方式,确定了合理的油气水处理方法与流程。利用HYSYS软件对关键系统进行了工艺模拟优化,确定了设备操作参数,实现了油气生产效率高和产品重量好的目标。

8) SEMI-FPS油气生产系统布置优化技术

该项目总结了复杂大系统理论、设备布置优化算法等布置方法,建立了平台生产系统布局理论、算法和布局流程,提出了基于遗传果蝇算法的改进算法。该项目归纳了平台生产系统布置约束条件及优化目标,建立了平台生产系统布置优化数学模型,形成了适用于深海 SEMI‑FPS 油气生产系统的布置优化方法。利用 MATLAB 开发了平台生产系统布置优化软件,应用于目标平台生产系统的布置优化设计中,为实现平台油气生产系统布局设计的自动化、智能化奠定了基础。

9) SEMI‑FPS 大容量电网设计技术

SEMI‑FPS 的电站容量相当大,通过分析比对国内外工程经验,确定了合适的电压等级,分析了故障电容电流对电网接地系统的影响,研究了电网构架,满足安全可靠的原则。研究主开关各种综合保护的保护方案和参数,建立了各种保护之间的良好协调,并保证接地保护的性能。提出了与半潜式生产井平台电站相适应的谐波抑制方案,为目标平台方案论证及优化奠定了基础。

基于上述研究成果,形成了 8 万吨级和 4 万吨级 SEMI‑FPS 方案。

(二)平台方案

1) 8 万吨级 SEMI‑FPS 方案

8 万吨级目标生产平台(见图 5‑21)主要是瞄准南海油气田未来的大规模开发,具有世界先进水平的总体技术形态、技术指标和参数。

目标生产平台作业于我国南海深海海域,同时具备在巴西、墨西哥湾等其他中等海况海域作业能力,主要功能为采油和油气生产处理,与水下生产系统、FSO 共同构成完整的油气生产、储存系统。目标生产平台采用环形下浮体、四立柱、桁架式上部模块型式,具有一定的深吃水特征,具有优良的运动性能,满足油气生产作业要求。

目标生产平台服务油田水深为 2 300 米,井口数为 22 口,其中:生产井 16 口,注水井 6 口。立管数为柔性脐带缆 22 根,钢质悬链线立管(stell caterary riser,SCR)生产立管 16 根,SCR 注水立管 6 根。外输油管 2 根,外输气管 1 根。

目标生产平台处理规模为:最大油处理量为 200 千桶/日,最大气处理量

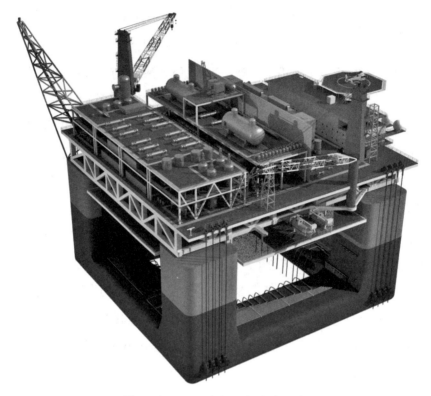

图 5 - 21 8 万吨级目标生产平台

为 180 百万标准立方英尺①/日,最大生产水处理量为 300 千桶/日。

目标生产平台配置了 16 点张紧式锚泊定位系统,配备了 4 台 25 兆瓦的燃气轮机发电机组,定员 200 人。目标生产平台主体结构、上部生产模块结构、主要设备及系统的设计寿命为 30 年。目标生产平台主体结构、上部生产模块桁架结构的疲劳寿命不低于 30 年。

目标生产平台按照 CCS 和 ABS 相关规范设计,并取得如下船级符号:
① CCS:★CSA FPSO Column Stabilized;PM;HELDK;IWS。② ABS:✠
A1 Floating Production System(Column-Stabilized);Ⓟ;HELIDK;
UWILD。

---

① 立方英尺为体积单位,1 立方英尺=2.832×10⁻²立方米。

8 万吨级 SEMI‑FPS 主要技术参数如表 5‑4 所示。

表 5‑4　8 万吨级 SEMI‑FPS 主要技术参数

技　术　参　数	目标平台 8 万吨级生产平台
作业海域	南海、巴西、墨西哥湾
作业水深/米	2 300
作业风速/(米/秒)	29.8
作业有义波高/米	7.2
作业流速/(米/秒)	1.19
生存风速/(米/秒)	56.3
生存有义波高/米	14.3
生存流速/(米/秒)	2.2
大气温度/摄氏度	10～35.9
油处理量/(千桶/日)	200
气处理量/(百万标准立方英尺/日)	180
生产水处理量/(千桶/日)	300
上部模块有效载荷/吨	33 300
下浮体长/米	92
下浮体宽/米	19.5
下浮体高/米	10
立柱长/米	19.5
立柱宽/米	19.5
立柱高/米	34.3
上部模块长/米	92
上部模块宽/米	92
上部模块高/米	15.5
作业吃水/米	27
作业排水量/吨	82 900
作业静气隙/米	12.5
生存吃水/米	22.5
生存排水量/吨	76 000
生存静气隙/米	17
定位方式	16 点锚泊定位
主电站/兆瓦	4×25
定员/人	200
垂荡固有周期/秒	22.6
垂荡短期极值/米	1.99
横摇固有周期/秒	42.2
横摇短期极值/度	1.82
纵摇固有周期/秒	40.9
纵摇短期极值/度	1.82

2) 4 万吨级 SEMI - FPS 方案

4 万吨级目标生产平台(见图 5 - 22)以我国南海陵水气田背景为需求,主要功能为天然气和凝析油处理,与水下生产系统、外输气管、外输凝析油管共同构成完整的油气生产、储存系统。目标生产平台采用环形下浮体、四立柱、桁架式上部模块型式,具有一定的深吃水特征,具有优良的运动性能。目标生产平台采用了改善涡激运动性能的创新结构型式,立柱的横截面形状为梯形,短底边朝向平台内侧,长底边朝向平台外侧,4 根立柱中两两相邻的立柱呈"八"字对称排列,具有优良的涡激运动性能。

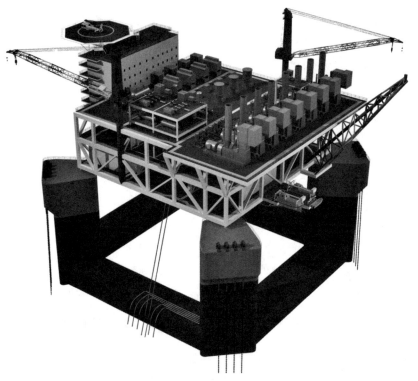

图 5 - 22 4 万吨级目标生产平台

目标生产平台服务油田水深为 2 000 米,生产井口数为 18 口,采用水下生产管汇形式,设置 SCR 生产立管 5 根、乙二醇(mono ethylene glycol,MEG)立管 1 根、外输气管 1 根、外输凝析油管 1 根、柔性脐带缆 2 根。

目标生产平台处理规模为：最大气处理量为 $1\,370\times10^4$ 立方米/日，最大凝析油处理量为 650 立方米/日，最大生产水处理量为 750 立方米/日。

目标生产平台配置了 16 点张紧式锚泊定位系统，定员 160 人。目标生产平台主体结构、上部生产模块结构、主要设备及系统的设计寿命为 30 年。

4 万吨级目标生产平台主要技术参数如表 5-5 所示。

表 5-5　4 万吨级目标生产平台主要技术参数

技　术　参　数	4 万吨级目标生产平台
作业海域	南海
作业水深/米	2 000
作业风速/(米/秒)	33.4
作业有义波高/米	7.2
作业流速/(米/秒)	1.57
生存风速/(米/秒)	56.9
生存有义波高/米	13.3
生存流速/(米/秒)	2.39
大气温度/摄氏度	10～35.9
油处理量/(千桶/日)	4
气处理量/(百万标准立方英尺/日)	484
生产水处理量/(千桶/日)	4.7
上部模块有效载荷/吨	16 000
下浮体长/米	57.8
下浮体宽/米	13.2
下浮体高/米	9
立柱长/米	15
立柱宽/米	15
立柱高/米	40
上部模块长/米	62
上部模块宽/米	62
上部模块高/米	18.8
作业吃水/米	27
作业排水量/吨	48 780

技　术　参　数	4 万吨级目标生产平台
作业静气隙/米	15.5
生存吃水/米	22.5
生存排水量/吨	44 640
生存静气隙/米	20
定位方式	16 点锚泊定位

SEMI-FPS课题所取得的成果,通过了有关部委的审核验收,表示我国已经完全具备配合深海油气开发进程迅速投入工程设计建造的能力,充分展示出我国由部委顶层设计,各方各自发挥技术特点,通力合作的制度优势。

三、"深海一号"能源站

2021年1月14日,中海油宣布,由我国自主研发建造的全球首座10万吨级深水半潜式生产储油平台——"深海一号"能源站(见图5-23)在山东烟台交付启航,它的成功交付标志着我国深水油气田开发能力和深水海洋工程装备建造水平取得重大突破,对提升我国海洋资源开发能力、保障国家能源安全和支撑海洋强国战略具有重要意义。

"深海一号"能源站由上部组块和船体两部分组成,按照"30年不回坞检修"的高质量设计标准建造,设计疲劳寿命达150年,可抵御百年一遇的超强台风。能源站搭载近200套关键油气处理设备,同时在全球首创半潜式平台立柱储油,最大储油量近2万立方米,实现了凝析油生产、存储和外输一体化功能,具有较好的经济效益和技术优势。

"深海一号"能源站尺寸巨大,总重量超过5万吨,最大平面面积相当于2个标准足球场大小,总高度达120米,相当于40层楼高,最大排水量达11万吨。使用电缆长度超800千米,可以环绕海南岛一周。该项目在建造阶段实现多项首创技术,攻克10多项行业难题,是中国海洋工程建造领域的

图 5-23　拖航中的"深海一号"能源站

集大成之作。

2014 年夏,南海传来我国首个千亿方自营陵水 17-2 深水大气田勘探喜讯,分布在 60 千米的海底走廊,陵水 17-2 气田是名副其实的深水边际大气田。科研人员瞄准开发模式创新,在气藏走廊上就近部署一座深水 SEMI-FPS,让水下井口可以直抵能源站,相比回接到浅水平台,这种开发方式不但工程投资更低,而且更低井口压力要求使气田增产近 30 亿立方米,价值几十亿元! 在挑战面前,科研人员挑起了自主前期研究的重担。

1) 凝析油舱设计方案

在陵水 17-2 气田开发还没摸到经济门槛的前提下,节省凝析油专用外输管线建设投资 8 亿元,让科研人员史无前例地做出了将凝析油储存到半潜式平台上的大胆选择。借鉴"保温瓶内胆"的理念,科研人员在平台的每个立柱内部创新开发了 5 000 立方米的凝析油舱,就像给凝析油舱量身定做了一个保温瓶内胆,让凝析油与外部有了一道安全屏障,这项创新技术被称为"凝析油 U 型隔离与安全储存技术"(见图 5-24)。

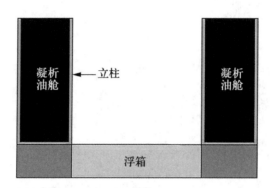

图 5-24 "凝析油 U 型隔离与安全储存设计"理念

科研人员自主研发的深吃水半潜式储油生产平台尺度规划软件,优化了压载舱、凝析油舱、隔离舱的比例关系,达到完美配比。突破了国际同等条件下负载与排水量 1/3 的天花板,将包括凝析油、上部组块、系泊立管荷载在内的有效负载与排水量控制在 1/2.5 以内。

2) 逃离马修漩涡

马修不稳定性,俗称参数激振,是近年来海洋工程科学界的学术热点。当平台的纵摇固有周期和垂荡固有周期处于一定的倍数关系时,平台的纵摇/横摇运动可能落入 Mathieu 不稳定区,平台垂荡与纵摇之间存在着强烈的耦合作用,导致半潜式平台运动急剧增加。国际著名油公司曾有方案将要实施时翻车的经历;科学界将视线投注在多自由度耦合共振规律研究,以避开耦合共振范围,这是每个深水平台概念都必须逃离的神秘漩涡。

SEMI-FPS 立柱储油的特殊性,使得立柱没有多余的空间进行等高度重量置换,重心时高时低导致摇摆周期变化,中海油研究总院的科研人员也被带到垂荡与摇摆周期 1∶2 的马修漩涡面前,虽然继续加大尺寸可以解决这一问题,但会导致国内没有整合资源、投资将增加数亿元。

科研人员从二阶摇摆运动机理入手,掌握了激发马修不稳定性阻尼边界的奥秘,在不额外增加投资前提下,从数百个主尺度参数方案中找到了答案,选择了加大波浪激励和黏性阻尼折中的解决方案,成功逃离了马修漩涡。

3)"脊梁柱"和"护体铠甲"结构

作为世界首座立柱储油的 SEMI - FPS,每个立柱要储存 5 000 立方米凝析油,为保证连续 30 年经受疲劳考验,舱室结构的连续性是关键。凝析油既要求流通性好,又要求支撑不能太封闭。科研人员面对这样两难的困境,开发了新型的"脊梁柱"结构——大开孔形式的舱壁结构(见图 5 - 25),实现了舱中有舱壁,将凝析油舱内结构疲劳寿命提高 30 倍以上。

半潜式平台立柱储油最大的安全隐患是碰撞,储油舱结构的破坏若造成泄露,将给海洋环境造成灾难性破坏。为了保证储油和外输期间的安全性,平台装上了一套量身定做的"护体铠甲",把传统强框架面板创新改进为内舱壁,让

大开孔舱壁

图 5 - 25　大开孔形式的舱壁结构

双层舱壁的"护体铠甲"保护平台免去碰撞泄露的风险。

4）凝析油安全存储方案

在海上储存原油，不是什么新鲜事儿，中海油在役的近 20 艘 FPSO，都在海上储存大量的原油，而陵水 17 - 2 气田采出的凝析油含有更多的轻组分，更加"活泼"和"危险"。

船舱储存的关键之一，在于避免有"气"超压，一方面需要尽可能多地把这些轻组分从合格凝析油中除去，另一方面需要把天然气窜入凝析油舱室的可能性降至最低。

科研人员采用最严苛的原油稳定标准，从饱和蒸汽压这个源头上掐住了凝析油出气的"动力"；在常规的一道关断阀之外，又增加了一处关断阀，任何压力、液位的异常波动，都会触发阀门连锁关闭，为阻止气窜上了一道双保险。

该能源站建造重量标准高、施工技术难度大，又在施工关键期遭遇新冠肺炎疫情来袭，项目团队在重量管理和安全保障等方面面临巨大挑战。中海油项目团队坚持"防疫和生产"两手抓，科学组织、高效动员，及时采取封闭式管理策略，在作业高峰期安全组织超过 4 000 人昼夜奋战，使项目工期缩短至 21 个月，为国际同等规模项目建造最短用时。

"深海一号"能源站对涂装重量和精度控制有着非常严格的要求，组块和船体连接点间距不得超过 6 毫米。通过成功实施合龙工程，我国半潜式平台船体总装快速搭载和精度控制技术已达到世界先进水平，多项深水施工技术突破 1 500 米难关，全面掌握了中心管汇等 10 余种水下关键装备的自主制造技术，超大型深水装备工程总包能力显著提升。同时，该项目还引进了人员定位系统，无死角开展安全网格化管理，克服受限空间作业多、交叉作业多等难题，取得了 1 700 万工时无事故的骄人成绩。

"深海一号"能源站（见图 5 - 26）的三项世界级创新：① 世界首创立柱储油。共设置 4 个凝析油舱（单舱容积 5 000 立方米），分别位于船体 4 个立柱内；② 采用桁架式结构设计，其最大两个支撑轴跨距达 49.5 米，为世界最大跨度半潜式平台桁架式组块技术；③ 世界首次在陆地上采用船坞内湿式半坐墩大合拢技术。

图 5-26　"深海一号"能源站

"深海一号"能源站具有 13 项国内首创技术：① 国内首座 1 500 米级水深半潜式平台的整体方案设计技术；② 国内首次 1 500 米级水深聚酯缆锚泊系统的设计与安装技术；③ 国内首次 30 年不进坞维修的浮体结构疲劳的设计与检测技术；④ 国内首次 1 500 米级水深油气混水钢制悬链线立管的设计、铺设与回接技术；⑤ 国内首次 3 万吨级船体的滑道总装搭载及精度控制技术；⑥ 国内首次 3 万吨级船体的液压滑靴横向滑移装船技术；⑦ 国内首次 1 500 米级水深水下设施总体方案一体化的设计技术；⑧ 国内首次 1 500 米级水深水下混输一体化的流动安全保障技术；⑨ 国内首次 1 500 米级水深牺牲阳极的设计与制造技术；⑩ 国内首次 1 500 米级水深 18 英寸大口径无缝海底管道的设计与制造技术；⑪ 国内首次 1 500 米级水深大型水下结构物的集成制造技术；⑫ 国内首次 1 500 米级水深聚酯缆的设计与制造技术；⑬ 国内首次 1 500 米级水深钢制悬链线立管的设计与制造技术。

"深海一号"能源站 2021 年 1 月 19 日在 3 艘大马力拖船共同牵引下,从山东烟台出发,先后穿越渤海、黄海、东海和台湾海峡,最终抵达陵水海域预定位置。5.3 万吨(净重)的深海半潜油气生产装备实施超长距离拖航,在国内尚属首次,面临海况复杂多变、拖航运动幅值较高、多艘拖船并行碰撞风险大等诸多挑战。

　　为保障拖航安全,中海油成立了由国内资深专家组成的专业拖航团队,建立海陆联动的应急保障体系,反复研究论证拖航方案,逐一识别、消除潜在风险,提前对恶劣天气、拖缆断裂、船舶失控等 19 种可能发生的极端情况进行应急演练,并针对每一种突发状况制订相应的应急预案。

　　在拖航途中,受海洋横涌影响,能源站上部横向摆幅最大达到 8 米;同时,受冷空气影响,海上风力一度达到 9 级。面对极端挑战,拖航团队全员 24 小时待命,通过调节平台吃水深度保持平台的平稳航行状态,并根据现场实际情况动态控制航速、拖缆长度和拖缆张力等,科学应对各种突发情况,全员共同努力顺利完成拖航作业。

　　在"深海一号"能源站抵达陵水海域的前一天,近 80 名施工人员已从海南三亚向预定海域出发,在春节期间陆续开启了海上系泊、安装和调试等后续工作,全力保障"深海一号"大气田(陵水 17 - 2)如期投产。

　　2021 年 2 月 6 日,"深海一号"能源站顺利抵达海南岛东南陵水海域,落位"深海一号"大气田(陵水 17 - 2),开启海上系泊、安装和生产调试工作,标志着我国首个 1 500 米自营深水大气田向正式投产又迈出了关键一步。

　　陵水 17 - 2 是我国首个 1 500 米自营深水大气田,探明地质储量超千亿立方米,距海南岛 150 千米。气田投产后,每年将为粤、港、琼等地稳定供气 30 亿立方米,可以满足大湾区 1/4 民生用气需求。同时,利用气田设施,"深海一号"能源站可带动周边的陵水 18 - 1、陵水 25 - 1 等新的深水中型气田开发,形成气田群,依托已建成的连通粤港澳大湾区和海南岛自由贸易港天然气管网大动脉,建成南海万亿立方米大气区。

第六章
导管架平台

导管架平台是桩基式导管架平台的简称,是用钢管桩通过导管架中空管柱打桩固定在海底的海洋结构物。它是一种固定式平台,在300米水深以内能稳定地站在海面上进行钻井作业和油气生产。在海洋油气生产中得到广泛的应用。导管架平台主体包括基础结构和上部结构。基础结构分为导管架和钢桩,坐落于海床上,承受平台的工作荷载。导管架本身具有足够的刚性,以保证平台结构的整体刚度,从而提高了平台抵抗风、浪、流等载荷的能力。上部结构由甲板、梁、立柱、桁架构成,主要作用是为海上钻、采提供必需的场地以及布置工作人员的生活设施提供充足的甲板面积,保证钻井或采油作业能顺利进行。导管架平台安装完成后,底部结构与桩基相连,桩基插入泥面以下,为平台提供刚性支持。导管架平台是通过桩柱来支承整个平台,平台受到波浪和流力的作用小,具有适应性强、安全可靠、结构简单、造价低的优点。

1947年在美国墨西哥湾海域水深6米处成功地安装了世界上第一座设备齐全的钢质导管架平台,这一事件也开创了海洋开发的新篇章。

20世纪70年代末,钢制导管架平台已经安装于300多米深的海域,而到了1990年486米高的巨型导管架平台也已工作于墨西哥湾400多米的水深中。这种导管架式平台在随后的多年中逐渐地扩展到更深的水域和更恶劣的海洋环境中。迄今为止,世界上建成的大、中型导管架式海洋平台约有7 800座,在建订单600座左右,平均年龄25年,服役时间25年的导管架平台占比50%以上。这些平台以勘探、开采海洋资源为主,特别是开采、储藏石油和天然气的平台占多数。我国的海洋油气生产大部分是在300米水深以内的油气田中进行。从二十世纪六十年代初开始,研究设计建造导管架平台,至今已成功设计建造了100多座导管架平台。从渤海到南海,以这些导管架平台为中心,建成了多个海上油气田,实现了高产稳产,创造出了几个海上大庆。

第一节　导管架平台特征

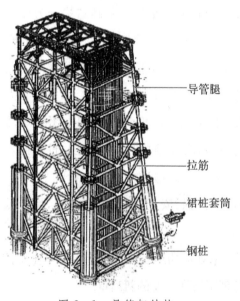

图 6-1　导管架结构

导管架平台是目前世界上应用最广的平台,主要由两部分组成(见图 6-1):一部分是甲板及设备,统称为上部结构;一部分是导管架和桩基础,统称为支撑结构。

导管架平台的上部结构也称为甲板结构,上部结构包括平台甲板、甲板立柱以及层间桁架结构。导管架平台上部结构形式可以分为桁架式、框架式和混合式等。桁架式结构由梁和桁架等构件组成,上下层平台甲板由桁架连接为整体结构,承受作用在甲板上的载荷,并通过桁架将载荷传给导管架及桩基。框架式结构上下层甲板由立柱联结为整体结构,承受作用在甲板上的载荷,载荷通过立柱传给导管架和桩基。立柱一般是直接放在桩顶上,当桩的距离较大时,可在立柱之间增加一些支撑,以减少甲板上的跨度。混合型结构上下层甲板由立柱或桁架联结成一个整体结构,承受作用在甲板上的载荷,并通过立柱或桁架传给导管架和桩基。混合型结构不仅具有框架式结构的特点,还在梁跨度较大的部位增设桁架,以增强平台的总体刚度。

导管架是由导管和连接结构的纵横撑杆组成的空间结构。各管状构件相交处形成了管状节点结构。空间构架式的导管不仅本身是一个承力结构,而且也有设置在桁架上的小立柱来传递上部载荷。桩群式导管架则只能作为联系桩群而成为一个整体结构的作用,本身不承受上部载荷。桩的作用是把平台固定于海底并承受横向载荷和垂向载荷。桩通过导管架打入海底土中,由单桩组成的裙桩以形成桩基础。上部结构和导管架的载荷通过桩基础传入地基。

导管架平台的优缺点如表6-1所示。

表6-1　导管架平台的优缺点

优　点	缺　点
1. 技术成熟、可靠 2. 在浅海和中深海区使用较为经济 3. 海上作业平稳安全 4. 具有适应性强、安全可靠、结构简单、造价低	1. 随着水深的增加费用显著增加 2. 海上安装工作量大 3. 制造和安装周期长 4. 当油田预测产量发生变化时对油田开发方案进行调整的适应性受到限制

第二节　导管架平台设计、建造和安装

1. 导管架平台的设计阶段

以中海油为主力军的我国固定平台设计团队设计了多型导管架平台,导管

架平台设计技术已经成熟和规范化。

导管架平台设计的主要依据是由业主提出的设计任务书,经过技术、经济等方面的论证后制定各个设计阶段的任务书。导管架平台的设计包括:总体设计、结构设计和工艺设计等。

总体设计:根据设计任务书的要求,设计出合理的结构型式,确定主尺度,进行总布置,计算总体性能,绘总体图,编写总体说明书、总体性能计算书以及相关的试验成果报告等。总体设计要考虑整个平台的综合平衡,协调处理各专业的要求,解决各专业之间可能出现的矛盾,以达到整体设计的合理性。

结构设计:根据总体设计确定的结构型式,选择各部分的结构型式,确定其尺寸,进行构件布置,绘结构图,进行结构计算,编写结构计算书和说明书,结构设计包括整体结构设计和各部分结构设计。

工艺设计:根据生产工艺要求,对工艺、设备、材料、布置、流程等内容进行设计,编写工艺说明书及各种规格书。

导管架平台的设计应满足以下基本要求:

(1)安全性。海上生产安全特别重要,海上发生事故,其后果特别严重,因此,在设计中要确保结构安全可靠,保证生产和人员的安全。

(2)适用性。在设计中要考虑海上作业的特点和需要,根据设计任务书的要求,以满足导管架的使用性,达到便利施工生产,方便生活的目的。

(3)先进性。设计时应采用先进技术,在建成后,尽可能反映先进的技术水平,有较先进的技术性能指标。

(4)经济性。要特别考虑经济效益,要有良好的经济性能指标以达到投资省、收效大。

(5)工艺性。设计中应考虑到陆地建造、海上施工安装以及建成后的维修等情况,降低劳动强度,提高劳动生产率,便于施工建造及安装。

常用的设计方法有如下几种:

(1) 母型设计(仿型设计)。即选择已建成的使用成功的平台作为母型进行仿型设计,所选的母型平台应与要设计的平台的使用技术条件、海洋环境条件相近,而且经证明这种平台性能良好。在方案设计阶段,选择平台主尺度和结构型式时常用这种方法。

(2) 规范设计。即根据各国船检局或船级社、石油协会公布的规范要求进行设计,主要有 CCS、美国石油协会(American Petroleum Institude,API)、DNV、ABS、英国劳氏船级社(Lloy's Register of Shipping,LR)、BV、日本船级社(Nippon Kaiji Kyokai,NK)等。

(3) 按强度理论进行设计。这种设计方法是建立在结构力学、理论力学、弹性力学、材料力学等理论知识和现代计算技术基础上进行的设计。对复杂的局部结构需用强度理论分析方法。

导管架平台设计一般分四个阶段:

(1) 方案设计阶段,也称为可行性研究或概念设计。主要任务是根据设计任务书的要求,对平台重大的技术和经济问题进行论证;提出几个方案进行综合分析比较,论证该平台设计、建造的可行性和经济技术指标,初步确定平台结构型式、主尺度、总体性能、总布置和总造价,包括环境评价、健康安全环保论证、风险评估等,提交审查,以便选择最佳设计方案。

(2) 基本设计阶段。对审查确定的方案设计进行更进一步的设计、计算、分析,确定出主体结构、总体建造及安装方案、各种规格书等,确定投资,以便进行设计、采购、建造和安装总包招标。

(3) 详细设计阶段。根据业主要求及基本设计资料,审查确定设计基础及工作范围,进行详细的设计计算分析,对基本设计进行优化,包括与各个专业的界面协调,确定详细的主结构及所有附件图纸和材料单、详细的建造安装方案、各专业规格书,提交所有详细的计算分析报告、图纸、规格书等。

(4) 生产设计阶段,也可叫加工设计。解决施工过程中的技术问题,绘制施工图,制订施工建造工艺。施工设计应根据制造厂的设备能力和场地情况、技术水平等实际情况进行设计,建成后绘制完工图,供使用部门维修时使用,故完工图应反映最后建造的实际情况,所有变动或修改均应相应显示在完工图中。

2. 导管架平台的建造

导管架平台的建造按其所处的站立方式不同分为立式和卧式两种。

立式就是导管架在建造时的状态与工作时的状态一样,都是直立的。一般浅水、小型导管架适用立式建造。

卧式就是导管架在建造时的状态与工作时状态旋转了 90 度,即建造时以导管架的长度方向平放,导管架平躺后就好比是桁架式的"箱形梁",上下底面称为顶片与底片,两侧面叫花片,中间的"隔板"由水平片组成。

卧式建造根据其主要特征又分两种方法,其一为吊装"扣片"法;其二为"旋转"立片法。二者最大的区别在于合片的方式不同。吊装"扣片"法形象称为"搭积木",工序是先装底片(包括导管),然后吊装花片与水平片,最后将组装好的顶片(包括导管)用起重机吊起从顶部扣装,完成合片。"旋转"立片法先将导管架分成两大部分组装:一部分是一个侧面(包括导管);另一部分是顶片与底片及另一个侧面(包括导管),组成"U"形;然后将侧面吊装直立,最后将"U"形片绕其中一条导管旋转完成合片。

3. 导管架平台的运输与安装

采用特定的方式将建造好的导管架运送到驳船上的过程称为装船。为保证海上运输的安全,通过焊接将导管架与船绑扎于一体的过程称为装船固定。装船的方式一般有三种:吊装方式、滑移方式以及采用拖车运送方式。

(1) 吊装装船。吊装方式装船(见图 6-2)适用于小型导管架,它是借助大型起重设备——浮式吊机将导管架由建造区运送到驳船上。这种方式最直接,最简单。

图 6-2　吊装装船

（2）滑移装船。所谓滑移装船（见图 6-3）就是借助一定的动力使导管架沿预先设定的轨道滑移，完成导管架由建造区滑行到驳船上的过程。由于滑移的摩擦系数较少，较小的动力就可以拖拉大型的导管架，因此滑移装船适用于重型导管架。

（3）拖车装船。所谓拖车装船（见图 6-4）就是借助大型运载设备——拖车将导管架由建造区运送到驳船上，要求拖车具有可升降性。由于拖车的承载力有限，因而此种方法适用于重量在 2 000 吨以下的导管架装船。

选用哪一种方式装船取决于导管架的型式和重量以及承包商的设备能力，但无论采用何种方式装船，装船程序必须得到批准，程序的主要内容有：调压载计算、装船分析、船的强度校核。

导管架的运输主要是采用船运，包括单船拖行和双船拖行等。

运输时考虑因素主要有运输船、航运天气和航道等。

图 6-3　滑移装船

图 6-4　拖车装船

导管架平台的安装包括导管架下水、扶正、就位与固定,以及上层建筑安装等。

导管架的下水是指将导管架从船上卸下而放入海洋之中的预定位置。下水方法有两种:吊装(见图6-5)与滑移。

图6-5　吊　装

扶正就是导管架下水后通过向导管(包括底部浮筒)内注水使导管架由水平状态转变为直立状态的过程。只有卧式建造的导管架才有扶正步骤。导管架下水扶正后,利用浮吊或拖船的作用将导管架直接下水拖运至平台就位位置,并继续注水,直至取得足够的座底重量,同时利用浮吊将导管架准确坐落于预先设计的海床上。这一整个过程称为就位。

导管架就位后,将钢桩插入海床,调平导管架,开启封隔器,并注入泥浆,使导管架与钢桩成为一个整体,这一过程称为固定。

导管架平台上层建筑安装包括浮吊法和浮拖法两种。

浮吊法是通过大型起重船将上部模块从运输船上吊起,然后准确下放到导管架上。一般在5 000吨以下的中小型上部模块安装中使用较多,但对于大型平台组块安装能力有限。目前国际上起重能力过万吨的起重船仅有Saipem 7000和Thialf 2艘,只在北海和墨西哥湾海域作业。我国最大的起重船是振华重工①研制的"蓝鲸"号,起重能力 7 500 吨。浮吊法受到起吊能力、结构强度和结构物尺寸等因素限制,并且巨型起重船租用价格昂贵,数量稀少,浮吊安装的成本和时间随平台重量呈指数增加。

浮拖法是用运输驳船支撑上部组块到安装位置,在锚链和拖船辅助下定位,并与下部导管架结构对准,再利用潮位变化和增加驳船吃水将上部模块的重量缓慢转移到下部导管架结构上。这种方法不需要昂贵的起重船,只需要普通的运输驳船即可完成,并且起重能力大,适合大、中型平台的海上安装。浮拖法相比于吊装法,成本更低,耗时更短,受水深和风浪条件等制约因素更少,逐渐成为海上平台组块安装的主流方法。

浮拖安装主要包括就位等待、进船、载荷转移和退船等。

当驳船运输上部组块到需要安装的导管架附近时,就进入了浮拖安装的海上作业阶段。首先将驳船在距离导管架大约 300 米处布置锚链系泊定位,等待可进行浮拖安装的气候窗,系泊后的驳船能抵抗 7 级大风和 2.5 米有义波高的波浪。海上作业受天气的影响较大,需要足够的作业气候窗,一般需要 72 小时,其中第一个 24 小时用于安装前的准备工作,第二个 24 小时用于进船、载荷转移和退船,最后 24 小时用于解开锚系和撤离。

确定有安装气候窗后,在潮位允许的情况下,通过绞车调节锚链和交叉缆的长度,将驳船缓慢拉入导管架桩腿之间,运动过大时可使用拖船拖曳推顶来稳船。进船过程中,需要尽量减小驳船的侧向运动,以减少与桩腿之间的碰撞。上部模块的插尖与导管架桩腿对接单元之间需要有一定的间隙,以防止强烈碰撞。在进船的同时,切割装船固定的斜拉筋,去除上部组块和驳船直接的刚性固定,以便后面进行载荷转移和分离。驳船完全进入导管架之后,通过锚链、护舷和系泊缆来调节驳船的水平位置,使得组块插尖和桩腿的对接单元对准,同时限制驳船运动幅值,保证插尖在对接单元的捕捉半径内。

---

① 上海振华重工(集团)股份有限公司。

载荷转移过程又称重量转移过程,分为三个子过程:第一个是组块插尖与对接单元接触前的过程,成为重量转移前;第二个是组块、驳船和导管架三体同时接触并且组块重量在往导管架上过渡的过程,成为重量转移中;最后是驳船与组块分离后,驳船加载到退船吃水的过程,称为重量转移后。

当驳船完成进船作业,并且插尖和桩腿对接装置(leg mating unit,LMU)在竖直方向对准后,增大驳船吃水并借助落潮,将上部模块的重量逐渐转移到导管架上,或者使用主动式液压千斤顶,调节液压装置,将上部模块缓缓下降到导管架桩腿上。当重量完全转移到导管架上后,继续给驳船加压载,使上部模块与驳船的甲板支撑单元分离。当驳船下沉时,需要注意驳船底部与导管架中横梁之间要有足够间隙,以免触底。另外,驳船需要有足够的干舷提供稳性。

当驳船继续加载与组块之间有足够的退船间隙时,通过锚链和拖船的协助,缓缓退出导管架,此步完成后就标志着浮拖安装基本完成,最后只需要解开驳船的锚系,将驳船拖回港口即可。

导管架平台浮托安装技术的难度较大,过去一直被国外少数国家垄断。目前,经过多年的技术创新和突破,我国已成功攻克了海上浮托的关键技术,成为世界上少数几个完整掌握浮托技术的国家。在掌握的浮托种类数量、作业难度和技术复杂性等方面均位居世界前列,熟练运用锚系浮托法、低位浮托法、动力定位浮托法等多种方式进行海上安装作业,实现了世界主流浮托方式的"大满贯"。

第三节　我国导管架平台发展

1966 年,我国在渤海建成第一座钢质桩基式导管架平台,并于 1967 年6 月成功钻探了第一口海上具有工业油流的油井,井深 2 441 米,试油结果为日产原油 35.2 吨、天然气 1 941 立方米,它的成功,揭开了我国海洋石油勘探开发的序幕。从此,中国海洋石油进入了工业发展的新阶段。20 世纪 80 年代以后,伴随能源需求量的增加,油气资源开发呈快速发展态势,一定程度上推动制造行业、安装行业以及平台的实际设计等方面的发展,我国海洋油气的主要生产装备桩基式导管架平台研发也有了长足的进展。

番禺30-1气田导管架,于2004年设计、2005年1月开工建造,该平台高213米,总重量达25 200吨,为目前亚洲海上油气田平台最大的导管架。导管架设计水深200米,无论是结构、运输、下水及配套系统的设计都属国内首次。番禺30-1气田平台导管架的建成,不仅为周边的油气构造的开发提供强有力的依托和支持,而且也标志着国产原材料和部分设备的制造和加工水平达到或接近海洋工程的国际标准。2010年12月,荔湾3-1导管架平台开工建造,2012年7月,该导管架平台建造完成。荔湾3-1导管架平台是我国自主研发、亚洲最大的深海油气平台。2020年3月,中国海油陆丰油田群区域开发项目陆丰15-1平台导管架在珠海开工建造,该导管架设计高度300米,是目前亚洲设计水深最深的导管架,标志着我国在深水超大型海洋油气平台导管架设计、建造上取得新突破。

1.番禺30-1气田导管架平台

番禺30-1气田导管架安装水深200米,高213米,设计重量16 400吨,加上钢桩总重量达25 200吨,为目前亚洲海上油气田平台最大的导管架,2004年年中开始设计,2005年1月开工建造。深圳赤湾胜宝旺工程有限公司分包了该导管架的建造。为保证导管架顺利装船与安装,总承包商海洋石油工程股份有限公司专门租用了一条8万吨级的下水驳船作为导管架运输和下水之用,由当时亚洲最大的3 800吨起重铺管船——"蓝疆"号执行海上安装作业。

番禺30-1导管架有8根导管,其中外部4根导管均为双倾,中间4根导管与其间的拉筋组成下水桁架,两根导管竖直,两根导管单倾。外部4根导管上各附有3个裙桩套筒,总共9层水平片。导管架垂直高度212.32米,底部尺寸74米×74米,顶部尺寸为44米×18米。导管架设计重量16 400吨,采用卧式建造。

番禺 30 - 1 气田导管架是海洋石油工程股份有限公司第一次独立设计的深水导管架。导管架设计水深 200 米,无论是结构、运输、下水及配套系统的设计都属国内首次。番禺 30 - 1 气田平台导管架的建成,不仅为周边油气构造的开发提供强有力的依托和支持,而且也标志着国产原材料和部分设备的制造和加工水平达到或接近海洋工程的国际标准。

2. 荔湾 3 - 1 气田导管架平台

荔湾 3 - 1 气田导管架平台是一座超大型海上综合平台,安装海区水深200 米,设有天然气分离、脱水、压缩等生产设施和公用设施口。平台下部结构为 8 腿 16 桩的导管架,上部设有 3 层主甲板支撑的生产处理设施,并在顶甲板上设可容纳 120 人的生活楼和直升机甲板。在前期研究阶段,该平台建造面临诸多技术挑战:在平台场址方面,由于缺乏工程地质资料而存在平台位置的不确定性;在总体布置方面,受上游工艺参数的影响,乙二醇储罐等超大型设备的尺度和撬块形式难以确定,直接影响到平台结构布置;在施工资源方面,对于3 万吨以上的超大型导管架结构,存在导管架下水驳船难以锁定的问题,影响到导管架结构设计和施工分析。此外,使用导管架腿在水下储存抗冻剂乙二醇的问题,也缺乏成熟的工程经验。面对这些困难和挑战,设计者在汲取国内外先进经验的基础上,通过调研和分析计算,完成了荔湾 3 - 1 气田中心平台导管架结构方案的确定和基本设计工作,为今后类似的深水导管架项目提供有益的借鉴。

荔湾 3 - 1 气田中心平台场址的百年一遇最大波高为 23.7 米,表面流速超过 2 米/秒,风速达 51 米/秒,属于超强台风,设计波浪条件十分严苛。随着极端性海洋环境工况的频繁出现,特别是吸取前几年墨西哥湾的超强台风对海上结构破坏的教训,国际上对海洋工程结构的设计标准有所提高,我国的一些浮式结构也不同程度地提高了设计标准,出现了用 200 年或者 500 年一遇的条件作为极端设计工况。针对荔湾 3 - 1 气田中心平台这种固定式结构,结合国内外平台设计经验,综合考虑安全性和经济性,取百年一遇的环境条件作为极端条件,取一年一遇的环境条件作为操作条件,但考虑同一重现期内各种工况的主极值不应同时出现;经过比较,在设计中取波浪的主极值以及风和流的对应值作为条件极值组合。针对波浪的方向性问题,经调查和分析发现,国外使用方向性波浪组合的项目一般基于大量和长期的海洋环境监测资料,而我国海域的海洋环境监测才刚刚起步,实际监测数据非常匮乏,更缺少台风期间的观察资料,波浪条件基本上是依据理论分析而来,如果采用方向性波浪组合会带来相当大的风险。因此,为安全起见,在我国的平台结构设计中一般采用全方向环境条件组合,即环境条件按照 360 度全方向选取极值,导管架八个方向(以 45 度为间隔)采用相同的环境数据进行组合。

荔湾 3-1 气田导管架设计中还考虑了内波的影响。我国南海存在内波,且以潮成内波为主。由于内潮的驱动,在南海的陆架陆坡海域,只要海水是稳定层化的,内波就会存在。南海内波次数频繁、流速较大且模态复杂,须在结构选型、设计中给予重视。在荔湾 3-1 气田中心平台导管架结构设计中,根据实测资料提供的一年一遇和百年一遇内波流数据是以流速的形式给出,设计中采用一年一遇内波流与百年一遇风浪流组合和百年一遇内波流与一年一遇的风浪流组合,杆件允许应力放大 1.33 倍。

导管架结构方案选择是一个复杂的系统工程,应综合考虑各种因素进行结构布置,并通过大量的结构分析和计算使方案达到最优,尽可能控制结构钢材用量。与浅水导管架相比,除满足功能要求外,深水导管架应更多地考虑环境影响和各种施工因素。在前期研究中就须考虑施工因素,这是深水导管架结构设计的一大特点。首先要考虑平台的海上施工方式,导管架是吊装还是滑移下水,甲板组块是采用吊装还是浮托安装,都会导致完全不同的平台结构形式。对于荔湾 3-1 气田中心平台导管架,需要采用滑移下水的方式。而对于甲板组块,在确认该海域吊装和浮托技术均可行的情况下,通过经济技术比较,推荐采用浮托安装甲板组块,这也就决定了导管架顶面必须留出一个 48 米宽的槽口以便浮托驳船通过。再与其他腿数的导管架方案相比,八腿导管架能够更好地适应超过 3 万吨级的特大型平台组块的支撑要求。在此基础上,详细比较了浮托驳船不同的进船方向;横向进船为槽口两侧各 4 根形成矩形框架结构的腿柱,纵向进船为槽口两侧单排的 4 根腿柱。相比之下,选择横向进船方案在组块对接期间具有更好的抗碰撞能力。

在确定了导管架工作点平面尺度以后,底面尺度是另一个对导管架起关键作用的参数。在方案筛选阶段,通过建立不同底面尺度的结构模型,进行控制性的结构分析,在满足结构强度的同一基准下,综合平台结构承受的环境荷载水平力状况、导管架结构钢材总重量、导管架桩头力和桩基结构布置、平台结构自振周期情况、导管架浮态和剩余浮力状况、底面尺度对预制场施工机具的要求等因素,即在保持导管架剩余浮力一致的情况下,既要使结构承受相对较小的环境荷载,又要使结构自振周期较小而结构钢材总重量能够满足施工船舶的要求,同时底面尺度满足预制场施工机具的要求又有利于桩基布置和承载力要求。最终确定荔湾 3-1 气田中心平台导管架工作点平面尺寸为 34 米×(12+48+12)米,底盘尺寸为 100 米×87 米。导管架共分为 7 层。16 根裙桩桩径为 2 743 毫米,在导管架 EL.(-)190 米处设有防沉板。此外,该平台还设有立管、电缆护管、泵护管等。整个荔湾 3-1 气田中心平台导管架下水重量超过 3 万吨,是亚洲最大的导管架结构。

在确定了荔湾 3-1 气田中心平台导管架总轮廓尺度后,对结构进行在位分析和施工阶段各个工况的分析。结合建造和海上施工资源情况,在结构布置中考虑了必要的约束条件。例如,为了减少海上施工的难度和风险,要求导管架为浮吊辅助扶正,不考虑小孔充水;结构自身的剩余浮力要保持在 12% 以上,避免在导管架上设置浮筒;为了满足国产钢材陆地运输要求,限制导管架腿柱尺寸在 4.5 米以下;考虑平台预制场地卷管、焊接和检验能力,限制导管架和桩基厚壁段的厚度在 100 毫米以内,为保证上部组块浮托退船的安全,要求导管架槽口顶面水平层标高不超过 17.0 米。

荔湾 3-1 气田中心平台预定场址位于南海陆坡区,200 米左右等深线附近属于陡立的陆坡,其工程地质情况异常复杂,水深变化大,土层分布变化也很大。从总体趋势分析,平台场址沿路由深水往浅水方向移动,钻遇岩石的风险减少,沙质持力层也逐渐上升。以往认为,珠江口盆地海域无硬土层,这次在工程地质钻孔中不仅发现了石头,而且还有木头,为了规避打桩拒锤的风险,需要规避岩层区,保证导管架桩基础的安全。此外,在135米的范围内,荔湾3-1气田中心平台的桩基承载力比番禺30-1平台明显降低,研究初期借用番禺30-1的土壤资料,对荔湾3-1气田中心平台曾考虑使用12根桩,但获得真实的土壤资料后,设计桩数增加到了16根,桩径也从2 438毫米增大到2 743毫米,仅此一项就使钢材重量增加了3 000多吨,说明借用土壤资料具有相当大的不确定性。因此,在前期研究阶段,应尽早取得土壤资料,以避免桩基设计的风险,同时也避免投资估算的不确定性。

由于荔湾3-1气田中心平台具有干重量超过3万吨、操作重量超过4万吨的上部设施,需要强大的下部基础结构支撑。根据承载力要求,该平台选择了16根2 743毫米直径的大型钢桩作为导管架的基础,桩结构的单根重量达750吨,桩基总重量1.2万吨,是目前世界上最大的导管架桩基。

第七章
浮式生产储卸油装置

　　FPSO 集油气处理、储存及外输功能于一身,主要由系泊系统、载体系统、生产工艺系统及外输系统组成,涵盖了数十个子系统。比起其他采油生产装备,它的优势在于存储和外输。FPSO 抗风浪能力强、适应水深范围广,转移方便,可重复使用,这些优点让它广泛适合各种海洋油田开发,包括深海、浅海及边际油田,已成为海上油气田开发的主流生产方式。FPSO 的结构由上部组块和船体两大部分组成。船体部分实现 FPSO 的一项重要功能——储油,同时又作为平台,承载各种功能模块。上部组块包含动力模块、生产模块、储油模块、消防模块、生活模块等。FPSO 的船体在风、浪、流、潮作用下,能够长期被约束在一定范围内,所受的外载荷比一般船舶复杂,船体结构局部强度要做特殊设计。FPSO 同时将人员居住、生活和油气处理功能集于一身,在布局和分隔上更加讲究,安全、救生、环保等要求较高。

　　FPSO 应用于海洋油气开发已有 40 多年的历史。1976 年英国壳牌石油公司用一艘 59 000 吨的旧油船改装成了世界上第一艘 FPSO,1977 年应用在西班牙的地中海 Castellon 油田。由于 FPSO 具有储油多、投资省、可转移等优点,所以得到迅速发展。据资料统计,截至 2018 年 1 月,全球共有 207 座在役 FPSO,主要分布在巴西海域、西非海域、北海和东南亚海域,其中最大作业水深为 2 896 米(美国墨西哥湾 Stones FPSO)。由于其经济性、环境适应性、建造灵活性等系列优势,FPSO 在未来油气田开发(特别是超深水油气田开发)中仍会发挥着主导作用。

作为开发海洋石油的关键设备之一,FPSO 不仅在设计、建造与安装技术上反映出一个国家的工业水平,而且其"自成一体"的规模化和专业化也在相当程度上体现了一个国家的海洋工程综合实力。我国研发 FPSO 装置起步较晚,但起点不低,发展较为迅速。设计主要由中国船舶及海洋工程设计研究院承担,沪东船厂、江南造船厂、上海外高桥造船有限公司、大连船厂和青岛北海船厂等均有建造。

自 20 世纪 80 年代中期研发成功我国第一艘 52 000 吨 FPSO"渤海友谊"号至 2021 年,已有"渤海长青"号、"渤海明珠"号、"渤海世纪"号、"南海奋进"号、"海洋石油 112"号、"海洋石油 113"号、"海洋石油 117"号、"海洋石油 118"号和"海洋石油 119"号等 20 艘 FPSO 相继问世,吨位也从 5 万吨级发展到30 万吨级。

经过几十年的技术沉淀,我国的 FPSO 实现了完全由国内自主设计、建造、安装、调试及生产运营管理的全生命周期产业的管理能力,并跻身于国际先进水平,规模与总吨位均居世界前列,成为保障国家能源安全和海洋强国战略的关键力量。

第一节　FPSO 特征

FPSO 作为海上油气生产设施,集油气处理、存储和外输等多种功能于一体,主要由船体系统、系泊定位系统、动力系统、油气处理系统、消防监控系统、储油与外输系统、生活系统和海底系统等十几个大类组成。

FPSO 船体结构的基本组成与油船没有本质的区别,但是由于 FPSO 服役期间的工作特点和所处的环境不同,在结构形式上与常规油船又有一定的差

图 7-1　浮式生产储油装置

别。FPSO 具有以下特点：

（1）兼有生产和储存的作用，是一座海上油气加工厂，具有从几千立方米，到几百万立方米的油气处理能力。

（2）FPSO 是一艘储油船，目前世界上正在服役的 FPSO，其储油能力已达 35 万吨。

（3）适应能力强，浅水和深水均可工作。

（4）可省去外输海底管道，用穿梭油船将商品油运输至陆地。

（5）由于 FPSO 长期定点在油田不航行，线型上无须考虑航行阻力，故方形系数都很大，平行中体所占船长的比例较大，从而满足在一定主尺度下获得尽可能大的储油空间。

（6）FPSO 常年工作于固定的海域。在其全部服役期内都要承受疲劳载荷的作用，其疲劳载荷计算时间为 100% 服役期。

（7）由于 FPSO 的单点系泊风标效应，使得船体始终处于迎浪状态，考虑到风和流的方向与波浪通常有一定的夹角，FPSO 船中线与浪向角一般有一夹角。

（8）为了保证油田的连续生产，FPSO 一般没有进坞维修的可能，而且在工作海域经常会受到台风、强台风等恶劣环境的影响。服役年限较长，通常要求 40 年，远高于普通航行船舶 25 年的寿命要求。

（9）抗风浪能力强，可长期系泊、连续工作。与固定式导管架平台与海底管道方案相比，具有投资省、见效快、可重复使用、风险小等特点，特别适用于远离海岸的中、深海及边际油田的开发。

深水油田采用的全海式开发模式均有 FPSO 参与，主要有如下模式：

（1）FPSO＋水下生产系统（井流全部回接 FPSO）。

（2）FPSO＋平台（井流全部或预处理后回接 FPSO）模式。

（3）根据距离远近、井数多少等因素综合考虑，部分区域开发井直接水下回接至 FPSO、部分区域开发井通过平台再回接 FPSO＋水下生产系统＋平台模式。

根据水深及环境条件，适用的采油平台有深水导管架平台、顺应塔平台、张力腿平台、半潜式平台和单立柱深吃水平台等不同型式。除半潜式平台目前都采用湿式井口外，其余平台均采用干式井口。

第二节　FPSO 定位系统

FPSO 的定位方式分为单点系泊定位和多点系泊定位。

多点系泊采用多个系锚点供一条船舶或浮体进行海上系泊（见图 7-2）。与单点系泊相比，其优点是被系泊船或在风、波浪、海流作用下的运动幅度较小。多点系泊设施的系泊需要用较多时间，被系泊浮体所受风、浪、流的荷载较大。因此,多点系泊设施大都用于风向变化不大、波浪较小的海域,如西非、东南亚等靠近热带的海域。

图 7-2　多点系泊 FPSO

　　世界上大部分海域的 FPSO 基于海况条件,采用单点系泊定位方式。单点系泊最显著的特点是"风标效应"。当风、浪、流方向改变时,船体会绕单点系泊为中心 360 度旋转,转动到受风、浪、流等环境载荷影响较小的位置,垂向运动和系泊缆张力较小。1958 年世界第一套单点系泊系统在瑞典作为"海上加油站"成功投产,揭开了单点系泊技术在海上原油中转和海洋石油开采等领域上应用的序幕。60 多年来,随着近海石油勘探开发和海上运输业的发展,单点系泊技术的发展十分迅速,发展了多种类型的单点系泊系统:悬链腿系泊系统,依靠悬链效应来产生恢复力;单锚腿系泊系统,依靠浮筒的净浮力来产生恢复力;内转塔系泊系统和外转塔系泊系统,其实质上是悬链腿系泊系统的不同型式;固定塔式系泊系统,依靠缆索的弹性来产生恢复力;软刚臂系泊系统,依靠重力势能来产生恢复力。现在单点系泊装置比较常用的是内转塔系泊系统(见图 7-3)、外转塔系泊系统(见图 7-4)和软刚臂系泊系统(见图 7-5)。内转塔系泊系统转塔

图 7-3 内转塔单点系泊

图 7-4 外转塔单点系泊

位于船体内部,分为永久式内转塔系泊系统和可解脱式内转塔系泊系统。可解脱式内转塔系泊系统在极端恶劣海况下可以迅速解脱,更适合海况恶劣区和冰区。外转塔系泊系统转塔位于船体外部。软刚臂系泊系统由固定塔柱、旋转接头、系泊铰接臂以及FPSO上的支架组成,通过导管架固定于海底,常用于浅水区域。

图7-5 软刚臂单点系泊

国内FPSO的使用水域主要在浅海(水深200米以下),渤海FPSO采用软刚臂式单点系泊,南海FPSO采用内转塔型式的单点系泊,单点均位于艏部。

不管是什么类型的单点系泊系统,都涉及机械强度高、密封性好的机械旋转头。该旋转头可随风、浪、流转动,不仅承受着巨大的动荷载,而且还要在运动中保证管道畅通、供电和信号的传输。

旋转接头装置(见图7-6)处于风、浪、流、潮水等共同交替作用之下,一旦发生事故,救援困难,所以旋转接头装置必须具有很高的安全性。由于海上设施离岸维修条件差、检修周期长,因此要求旋转接头装置性能可靠、经久耐用。旋转接头装置常处于潮湿盐雾环境中,海水和大气腐蚀问题严重,应具有很高的耐腐蚀性。旋转接头装置通道内通过的是高压、高温且有腐蚀性的介质,除了满足介质传输功能外,还要保证不能因旋转接头的动密封失效而导致泄漏,发生污染环境的事故,因此在整个采油系统中,旋转接头装置是一个要求极高的关键设备。例如,"睦宁号"FPSO的旋转头接有2条直径203.2毫米的原油生产立管、6条高压电缆、一组液压动力管和一组信号采集与传输电缆。这些从海底转接过来的立管(电缆)包括生产集液旋转头、电刷接头、液压控制接头和电信号接头,根据其尺寸大小依次从上到下分层布置,通过可解脱接头实现管道与船体的连接。这种可解脱接头技术含量高,目前尚未国产化,一直被国外公司所垄断。

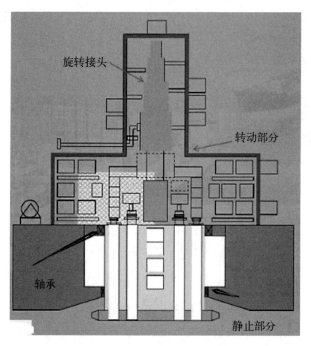

图 7-6 单点系泊旋转头结构

无论哪种系泊方式,FPSO在对接前都要将系泊装置与海床固定。一般采用锚链加固,固定方式分为以下三种:① 拖拽嵌入式锚(见图7-7),拖拽嵌入式锚可以深入海床,实现固定,它是目前最常用的固定方式;② 桩锚,在海底打一根桩,锚链与其连接实现固定;③ 吸力锚又称为负压吸力锚,形似倒扣在海床上的钟。通过吸力泵抽出锚体空间空气,使锚体开口面牢牢地吸在海床上,实现固定。FPSO常用的固定方式主要选用桩锚或吸力锚。

图7-7　拖拽嵌入式锚

第三节　FPSO外输系统

FPSO外输系统是FPSO上关键系统之一,其功能是将FPSO油舱中所储存的原油通过输油软管安全、顺利地输送到穿梭油船上,即我们通常所说的原油外输,它是FPSO三大主要功能:原油处理、原油储存、原油外输中的重要一环。如果原油外输系统出了故障,FPSO中储存的原油不能被及时转移,将导致井口平台停止作业,使整个海上油田的生产陷入停顿和瘫痪,造成巨大的经济损失。因此选用合适、安全可靠的原油外输系统对 FPSO 来说是极其重要的。

当原油达到一定储量后,FPSO 会通过原油外输系统将原油外输至穿梭油船中。FPSO 外输系统包括卷缆绞车、软管卷车等,用于连接和固定穿梭油船。FPSO 原油外输方式一般是串靠输油。

伴随着 FPSO 的快速发展,作为关键设备的原油外输系统也历经了几次革新,型式由最初的旁靠输油方式和简易型漂浮软管式发展到目前最为先进的软管卷筒式,系统的组成越来越复杂,功能越来越齐全,操作更简便,安全性也更高。

外输油系统,包括输油系统和系缆系统两大部分。输油系统主要由输油软管和软管连接/存放装置组成,负责将 FPSO 上储存的原油快速、安全地输送到穿梭油船上。系缆系统主要由组合系泊缆索和缆索系固装置组成,用于保证穿梭油船与 FPSO 之间安全的系泊距离。为了适应海上作业对安全性提出的越来越高的要求,现在大多数原油外输系统还配置了控制系统和辅助系统。

FPSO 原油外输方式包括旁靠输油和串靠输油。

(1)旁靠输油(见图 7－8),即我们通常所说的横向输油,穿梭油船和 FPSO 并排系泊输油作业,但是距离较近容易发生碰撞。一般平均波高小于 1.5 米时,可以采用该种方式输送原油。旁靠输油方式外输油系统并无独立的控制和辅助系统,这与一般的油船非常相似,因此在操作性和安全性上存在许多不足,很难适应当今海上作业的要求,所以这种原油外输方式目前很少被采用。

(2)串靠输油(见图 7-9),即 FPSO 和油船采取前后停泊的方式。通常串靠输油设备都布置在 FPSO 艉部,但有时因为实际情况的需要,也可以将原油外输设备移到 FPSO 艏部,即艏部串靠输油,这种输油方式与艉部串靠输油相比并无本质区别,其系统组成基本相同,只是在 FPSO 上的布置位置有所不同。一般串靠输油的距离为 50～100 米。串靠输油安全性高,但存在传输距离远、作业难度大等困难。串靠方式输油时,为了确保 FPSO 和油船保持足够的安全距离,常常采用拉紧式钢缆系统。

图 7-8　旁靠输油

图 7-9　串靠输油

当穿梭油船与 FPSO 以艏艉相接的串靠方式输油时,辅助拖船反方向拖拽穿梭油船(见图 7－10),使钢缆张紧,保持油船与 FPSO 的距离。

图 7－10　辅助拖船反方向拖拽穿梭油船

艉部串靠输油或艏部串靠输油,其关键是系统设备应布置在 FPSO 的下风向一端。穿梭油船一般通过系泊缆索与 FPSO 连接,缆索只能承受拉力,因此当系统设备位于 FPSO 的下风端时,穿梭油船同样处于下风端,这样就能保证系泊缆索始终处于张紧状态,使系泊缆索与 FPSO 之间保持安全的系泊距离。对于采用单点系泊的 FPSO,串靠输油设备一般布置在没有单点系泊装置的一端,这主要是考虑到风标效应的作用。对于采用多点系泊的FPSO,一般布置在主风向和主流向的下风一端。如果穿梭油船是采用动力定位,自身具有较强的系泊定位能力,外输油系统设备的位置就没有特别要求了。

在一些项目中,FPSO 艏艉各布置一套串靠输油设备,这一方面是考虑到系统的备用,保证生产的连续性;另一方面也降低了对 FPSO 系泊定位的要求,无论风向、流向来自艏部或艉部,总有一端的输油设备适于工作。

浮筒输油方式与旁靠输油和串靠输油方式有较大的差别,这主要体现在FPSO与穿梭油船相对位置的不同上。FPSO通过多点系泊定位在工作海域,FPSO附近设置了若干个外输浮筒(通常设两个),外输浮筒也同样采用多点系泊方式,穿梭油船通过缆索单点系泊在浮筒上,由于每个外输浮筒可系泊一艘穿梭油船,因此在同一时间可有多艘穿梭油船(根据外输浮筒的数量)通过浮筒系泊在FPSO周围。外输浮筒上设有原油输入和输出接头,输入接头通过输油软管与FPSO相连,而输出接头通过输油软管与穿梭油船相连。这种输油方式的特点是输油效率较高,FPSO原油外输周期较短,另外由于FPSO与穿梭油船不直接连接,一定程度上增加了FPSO的安全性(见图7-11)。

图 7-11　FPSO 外输油管

比较而言,旁靠方式海况适应性较差,因为两船无论是在靠泊的过程或是系泊在一起后,由于船体较大的横摇和纵摇运动,以及它们运动的不同步,在海况条件非常恶劣的海域,很容易发生事故,一般只在环境条件较好的情况下操作。而串靠输油方式和浮筒输油方式因为穿梭油船与 FPSO 保持有相对安全的系泊距离,相对适应性更好。

工程项目中,必须综合考虑 FPSO 作业区域的海况条件、船体主尺度以及主甲板面的布置情况,系统操作的方便性、安全性,以及经济因素等,来选择适合的原油外输方式。

第四节　FPSO 设计

一艘新的 FPSO 一般由旧油船改装和新建两种方式获得。目前全球运营的 187 艘 FPSO 中,由旧油船改装而成的 FPSO 占了 60%,其成本较低,适用于浅海和边际油田开发。随着越来越多深海及超深海油田以及大储量油田的不断发现,旧油船改装的方式难以适应,新建 FPSO 的数量逐渐增多。FPSO 的研制反映一个国家研究、设计及建造能力。我国 FPSO 研制虽然起步较晚,但经多年努力已进入世界建造 FPSO 的四强。我国 FPSO 的设计主要由中国船舶及海洋工程设计研究院承担,建造则多在能力较强的船厂,如上海外高桥造船有限公司、沪东中华造船(集团)有限公司、江南造船(集团)有限责任公司和大连新船重工集团有限公司、山海关船舶重工有限责任公司等。

FPSO 设计首先应了解 FPSO 有哪些部分构成,确定基本的布置格局。FPSO 的构成基本前面已经简单叙述,包括船体系统、系泊系统、生产工艺流程模块、生活系统等部分。FPSO 比油船多了火炬塔、生产工艺流程模块以及直升机平台等部分。当进行 FPSO 的布置时,就是要全面考虑这些构成之间合理布局与协调。

FPSO 的安全性是极其重要的。所以确定 FPSO 布置基本格局时,要综合考虑作业、安全等要求,并结合 FPSO 运动性能一起考虑。FPSO 的总体布置依据下述原则进行:

1) 安全可靠,符合规范要求

(1) 压载水舱的宽度要满足 FPSO 最小的吃水要求。一般的 FPSO 可以设计成单底结构,但是对于浅吃水型 FPSO,为满足国际防污染公约,船体应该为双底双壳。设置双底的主要优点是:有利于储油舱保温,有利于保护船底免受破坏,平直的内底便于洗舱,并且便于从双底的夹层对构件进行检查。

(2) 满足国际防污染公约和破舱稳性的要求,对原油储藏舱与边压载舱的长度、宽度和数量要进行优化。

(3) 满足相关规范对防火、防爆、安全区域划分和安全逃生方面的要求。例如,生产甲板位于主甲板以上 4 米(船中心线处);热站模块与工艺模块之间留有隔离区等。

2) 便于操作

(1) 主电站、热油锅炉、油气处理设备等均布置在生产甲板上,便于操作、检测和维修保养。

(2) 油气处理流程的控制、原油外输的计量与控制、液舱的液位遥测、火灾探测、报警、消防与应急关断控制等均集中在中控室内,便于操作和集中控制。

3) 满足作业及居住需要

(1) 设置足够的工作、居住、休息和娱乐等生活设施,为操作人员提供安全、舒适的工作、生活和休息环境。

(2) 设置足够的柴油舱和淡水舱,保证船具有一定的自持力。

4) 满足工艺流程的需要

FPSO 的布置应该注意如下问题:

(1) 吊机的布置。吊机一般布置在主甲板的左右舷。原则上要覆盖从生活楼/飞机甲板到所有上部模块的区域。吊机的高度不但要考虑发电机和锅炉的烟囱高度，又要满足吊直升机的要求，还要满足把深井泵从工艺甲板上吊出的要求。单点系泊系统和尾输油系统（位于 FPSO 艉部的原油外输系统）可以考虑专用吊机。

(2) 逃生通道的布置。总体布置首先要保证人员的最大安全。生活楼靠近工艺模块的一侧墙壁要求达到 H120 的要求。在主甲板和工艺甲板的左右两侧要分别布置一条通往生活楼的主逃生通道。并且每个工艺模块的左右两侧要有通往主甲板的斜梯。

(3) 火炬塔高度的确定。火炬塔在船首的布置，一定要按照 API RP521 的相关要求来计算火炬的最大热释放量，然后确定火炬塔的高度。

(4) 考虑油气处理量的变化和以后的改造。由于有的油田产量高峰期和末期的差别比较大，有的设备在某些阶段是不使用的，所以在进行总体布置时要考虑这种情况下的左右对称。由于 FPSO 的投入比较大，一般 FPSO 不是一直在一个油田生产，所以在进行 FPSO 的总体布置时，要适当预留以后改造的空间，并且尽量不要占据堆场的空间。

(5) 主甲板面的布置。FPSO 的大体分舱确定后，应及时确定优先考虑主甲板面的开口，因为这些开口直接影响结构中剖面模数的计算。一旦开口断掉一根纵骨，该纵骨就不会参与总纵强度的计算，计算中剖面模数也要相应减少。主甲板面的开口主要指的是深井泵的开口和储油舱口。主甲板的深井泵开口与工艺甲板的相应深井泵检修口要对应。

(6) 工艺甲板开式排放管线的布置。主甲板到工艺甲板的垂直间距一般为 3~4 米，结构本身要占去大约 500 毫米高的空间。要保证一根 100 多米的开式排放管线的 100/1 的坡度是非常困难的。这时候开式排放罐的位置可以考虑船体本身艏倾或艉倾的影响。

第五节　我国船型 FPSO 发展

1989 年 7 月,我国第一艘自行设计建造的"渤海友谊"号 FPSO 的建成投产,标志着我国自行研制 FPSO 装置时代的来临,接着的 10 余套新建 FPSO 装置陆续建成投产。目前,我国是新建 FPSO 数量最多的国家,拥有量也不少。我国设计 FPSO 装置起步较晚,但起点不低,除涠 10 - 3 油田(法道达尔公司设计建造)"南海希望"号采用固定塔＋艏缆系泊的单点系泊,尚带有早期的痕迹以外,自行设计建造的 FPSO 装置均采用了先进的轭架系泊单点系泊,避免了船与单点系泊的碰撞事故;南海较深水 FPSO 采油更为安全可靠的内转塔型单点系泊;"BZ - 281"还首次考虑适用于冰区的设计;"海洋石油 117"号储油量 30 万吨,是我国吨位最大的 FPSO(见表 7 - 1),我国 FPSO 的研制从无到有,从落后到先进,成绩斐然。

1. "渤海友谊"号 FPSO

"渤海友谊"号 FPSO 是 20 世纪 80 年代我国自行设计建造的第一艘 FPSO。该船长期系泊于 BZ28 - 1 油田,接收井口采油平台开采出来的海底石油,在船上进行加工处理后予以储存,并定期向前来装运的油船输出原油。该船达到了技术规格书规定的各项要求,并在 FPSO 技术方面达到了当时同类型船国际先进水平。该船的成功设计建造,开创了我国船舶工业与石油工业相结合的先例,荣获 1991 年国家科学技术进步一等奖,2006 年被评为"全国十大名船"。

1986 年初渤海海洋油气开发进入生产阶段,中日合资(JCODC)BZ28 - 1 油田招标。中海油参与 BZ28 - 1 FPSO 的招标,中国船舶及海洋工程设计研究院组成项目组参加投标。该院虽然设计过许多油船,但设计 FPSO 仍是个挑战。面对投标,全院上下认真对待。一是设计团队参加过大型船舶的设计,有一定的实践经验;二是认真学习了解海上石油开采流程和油、气处理的工艺设备资料;三是认真消化标书的要求以及有关规范、规则;四是认真准备,树

表 7 - 1　我国海域 FPSO 汇总

分类	油气田名	最大水深/米	FPSO 名称	系泊系统型式	船型和主尺度参数	建造或改造船厂	投产日期/年月
渤海	渤中 26 - 2	23.4	渤海友谊（在役）	软刚臂式	5.2 万吨级	沪东造船厂	1989 年 7 月
	渤中 28 - 1	22.0					2004 年 7 月
	渤中 28 - 2	20.5	渤海长青（在役）	软刚臂式	5.2 万吨级	沪东造船厂	1990 年 6 月
	渤中 25 - 1	18.0	海洋石油 113（在役）	软刚臂式	17 万吨级，船长 287.4 米，型宽 51 米，型深 20.6 米	上海外高桥造船有限公司	2004 年 9 月
	秦皇岛 32 - 6	32.0	渤海明珠（在役）	软刚臂式	5.8 万吨级，船长 215.1 米，型宽 32.8 米，型深 18.2 米	江南造船厂	1993 年 9 月
	秦皇岛绥中 36 - 1	20.0					2002 年 12 月
	秦皇岛 32 - 6	19.6	渤海世纪（在役）	软刚臂式	16 万吨级，船长 287.4 米，型宽 51 米，型深 20.6 米	大连造船厂	2001 年 10 月
	蓬莱 19 - 3	27.0	海洋石油 117（在役）	软刚臂式	30 万吨级，船长 323 米，型宽 63 米，型深 32.5 米	上海外高桥造船有限公司	2009 年 5 月
	曹妃甸 11 - 1/12 - 1	24.0	海洋石油 112（在役）	软刚臂式	16 万吨级，船长 276 米，型宽 51 米，型深 23 米	大连造船厂	2004 年 8 月
南海西部	文昌 13 - 1/13 - 2	117.0	南海奋进（在役）	内转塔式	15 万吨级，船长 262.2 米，型宽 46 米，型深 24.6 米	大连造船厂	2002 年 7 月
	新文昌油田群	120.0	海洋石油 116（在役）	内转塔式	10 万吨级，船长 232.5 米，型宽 46 米，型深 24.1 米	大连造船厂	2008 年 6 月

（续表）

分类	油气田名	最大水深/米	FPSO 名称	系泊系统型式	船型和主尺度参数	建造或改造船厂	投产日期/年月
南海东部	惠州 21-1 油田	115.0	南海发现（2019 年退役）	内转塔式	25 万吨级，船长 348.9 米，型宽 51.8 米，型深 25.6 米	CACT 作业	1990 年 5 月
	西江 24-3/30-2	333.0	南海开拓（2015 年退役）	内转塔式	15 万吨级，船长 285.5 米，型宽 48.9 米，型深 28 米	Philips 作业	1994 年 3 月
	西江 23-1	90.0	海洋石油 115（在役）	内转塔式	10 万吨级，船长 232.5 米，型宽 46 米，型深 24.1 米	青岛北海船厂	2008 年 5 月
	陆丰 13-1	146.0	南海盛开（2020 年退役）	内转塔式	12 万吨级，船长 259.1 米，型宽 40.6 米，型深 22.3 米	友联船厂	1975 年 4 月
	陆丰 13-1	146.0	海洋石油 121（在役）	内转塔式	11 万吨级，船长 244.5 米，型宽 42.0 米，型深 21.9 米	友联船厂	2006 年 8 月 2020 年 4 月
	陆丰 22-1	333.0	南海睦宁（2009 年退役）	内转塔式	9 万吨级	韩国船厂	1997 年 7 月
	流花 11-1	13.0	南海胜利（在役）	内转塔式	14 万吨，船长 280 米，型宽 44 米，型深 23 米	新加坡胜宝旺船厂	1996 年 3 月
	番禺 4-2/5-1	100.0	海洋石油 111（在役）	内转塔式	15 万吨级，船长 262.2 米，型宽 46 米，型深 24.6 米	上海外高桥造船有限公司	2003 年 7 月
	西江 23-1	90.0	海洋石油 115（在役）	内转塔式	15 万吨级，船长 232.5 米，型宽 46 米，型深 24.1 米	青岛北海船厂	2008 年 5 月
	恩平 24-2	90.0	海洋石油 118（在役）	内转塔式	15 万吨级，水线间长 254 米，型宽 48.9 米，型深 26.7 米	大连造船厂	2014 年 8 月
	流花 16-2/20-2	420.0	海洋石油 119（在役）	内转塔式	15 万吨级，船长 256 米，宽 48.9 米，型深 26.6 米	青岛北海船厂	2020 年 9 月

立了志在必得的决心,组织举办了有关海洋工程装备招投标的讲座,提高标书重量。

该船的招标方案中,储油指标为 71 000 吨。在 1986 年油价暴跌的形势下,JCODC 中途更改标书,大幅度降低初始建造投资,告知投标单位可以适当降低储油指标。

对此,项目组立即研究修改投标设计方案。提出修改设计为 45 000 吨或 50 000 吨以上两个方案。经过研究分析决定修改成储油量不低于 5 万吨的方案,以便较好地适应 BZ28‐1 油田的产油能力。设计团队紧急投入设计方案修改工作,他们敢于迎接挑战,大家齐心协力,步调一致,在标书规定的期限内完成了载重量 52 000 吨的方案。经测算,此方案的造价比 71 000 吨方案减少约 1 000 万美元,整个油田工程相应减少约 3 500 万美元。而船的性能可兼顾油田日产油量及海况引起的船舶纵横向运动对石油加工重量的影响,从而得到了船舶所有人的认可,为我方成功中标打下基础。

1986 年 7 月,我方在同多个外国公司的激烈竞争中,以新颖的总体设计方案和略低的造价中标,为我国赢得整个工程的承包权作出了贡献。

52 000 吨浮式生产储油船的设计是在既无同类船设计经验,又无同类实船资料可供参考,甚至在没有专门规范可循的情况下,设计团队自行研究开发出来的新船型。该船入 ABS 级,同时接受 CCS 法定检验,还需要满足近海设施规则、美国石油学会的各种安全规则,以及造船和石油化工、电工等系统的国际公约、条例等。面对困难,设计团队知难而进,团结协作,密切配合,圆满地完成了任务。

该船设计的目标和理念是要达到安全可靠、生活舒适、自动化程度高。经过设计团队的不懈努力和精心设计,攻克了一个个关键技术,创造了可喜的佳绩。

作为一种新船型,国际上在总体布局方面当时尚无固定模式。由美国公司为船舶所有人制订的 7.1 万吨储油船指标方案中,在总体上隐存着一个严重问题：满载状态艇纵倾超过 5 米。设计团队研究发现美国公司提出的方案不尽完善，团队提出了一个创新的总体方案，把上层建筑、直升机平台、50 米高的燃烧塔、工艺舱和货油舱全部重新布置。实践证明，这样布置能使船体始终处于正常浮态，大大降低单点系泊装置的系泊力，还有利于减少火灾，该方案被渤海石油公司确认为理想的总体布置模式。

该船在 85% 船长范围内，横剖面均为同样尺度的矩形，因此可大大简化造船工艺，降低建造成本，与国外同类船型相比是一个创新。

为保证船舶优良的运动性能，总体设计采取了许多措施。该船设计为52 000 吨方案后，由于吨位减少，其运动性能会比 71 000 吨方案差，这是当时最担心的事情，因为船的运动性能差会影响油气处理流程和最后输出的原油重量。为了避免出现船舶所有人担心的情况，总体专业在设计中多次预测并采取了多方面的措施，最终试验证明，该船在 50 年一遇的风暴海况下，最大纵倾 2 度，最大横倾 3.8 度，均小于油气处理流程和单点系泊装置允许的数值，达国际先进水平。船舶所有人对该船及其输出的原油重量很满意。

在总强度计算中，应用基于实际海况下船舶运动计算统计分析法计算船舶的波浪诱导弯矩。该船主尺度和尾部线型早在 1986 年 10 月基本设计开始前就由船舶所有人审查认可，基本设计审查会再次予以确认，实船使用证明该船各项总体性能和船体强度都是符合要求的。

为解决该船的总强度计算问题，设计人员经广泛调研后提出，采用美国船舶结构委员会编制的结构响应程序计算，按标书给出的渤海湾中部环境条件，计算结果由 ABS 检查。在该船的总强度计算中，应用基于实际海况下船舶运动计算统计分析法计算船的波浪诱导弯矩，是中国船舶及海洋工程设计研究院设计实践中的一次突破，为其后设计提供了具有指导性的经验。

严密的防火、防爆安全措施是该船设计建造成功的关键。该船把原油加工处理的一整套设备提供动力源的 3 300 伏高压、燃气透平双燃料发电机组、热介质燃烧炉热油锅炉、惰性气体发生装置、柴油机应急消防泵和天然气燃烧塔等布置在货油舱上方的一系列平台上,这打破了传统油船的常规布置,技术难度很高。为确保安全,总体、轮机、电气、舱室内装和通风等专业的设计师查阅了国内外造船和石油工业的多种法规、规范、标准,划分了危险区域和安全区域,对危险区域内的燃烧设备和机电设备,制订了严密的防火措施,对安全区域则采取了严格的保护、隔离和防爆措施,除了配备常规的防火构造、探火灭火设备外,还设置了多级自动和手动应急切断设施及正/负压通风装置等,为该船的安全性提供了可靠的保证。

52 000 吨浮式生产储油船设计中影响全局、难度最大的另一个问题是重量重心问题。为解决这一难题,该船主甲板上方的各个平台上布满了加工处理原油的设备和管道以及各种大型辅助设备、装置,是常规油船所没有的,然而设备资料又迟迟不到,设计人员只能凭借设计经验采用多种方法核算,并适当留出裕度。经各专业设计师精心计算,设计数值与实船实测值十分接近,从而保证了载重量、稳性、破舱稳性、船舶运动性能和系泊力等重要性能指标达理想数值,这对新船型且综合性很强的首制船来说是很难得的。

该船的首部设有高大的支架,借此与单点软刚臂连接。对于这种设计必须解决两个问题:一是为了承受支架传递来的系泊力,经与单点设备承包商SBM公司协调,确定了艏部加强结构的型式,按 DNV 海上工程建造规范进行稳定强度校核,在国内属首次成功地解决了此问题;二是 yoke 重量超过200 吨,在海上如何保证该船与单点软刚臂之间的连接工况,在设计上提出了使锚机与起重绞车结合的设想,并提出锚机改型方案,使锚机与起重绞车合二为一,然后再在船首设置一台 20 吨绞车,解决了布置上的困难,又节约了造价。实船证明该设计是成功的,在国际上属首次使用。

1987 年 6 月,52 000 吨浮式生产储油船在上海沪东造船厂全面开工建造,1989 年 7 月建成投产。FPSO"渤海友谊"号(见图 7 - 12)总长 215.62 米,型宽31.00 米,型深 17.60 米,载重量 52 000 吨,吃水 10.5 米,其顺利建造成功是总承包商、设计单位和建造船厂通力合作的结果,实现了我国按国际通用规范自行研制 FPSO 零的突破,为我国进军海洋工程装备制造做出了贡献。

52 000 吨浮式生产储油船建成后须从上海拖航至渤海湾,因此海上拖航的安全是必须解决的一个重大问题。该院设计师根据平台安全规范设计了一套简单、安全、使用方便的拖航设备及收藏系统,实践证明是成功的。该船原油外输采用穿梭油船与本船串靠的方式,此方式比美国 Bechtel 公司提出的旁靠方式更安全、更经济,能在更恶劣的海况下输出原油,大大提高了作业率。为保证输油作业的安全,轮机专业与舾装专业设计师做了一系列的努力,配置了漂浮软管起吊设备、起重绞车、吊架、操作平台及导缆装置。漂浮软管通过摩擦链、测力卸扣和放大器与中控室的控制台相连,会自动报警,能在中控室及时关闭外输系统。

该船的配电系统、配电板、火警探测报警、灭火及应急切断等安全保护要求都比一般大型船的技术要求高、规模大、系统复杂,特别是首次采用了 3 300 伏高压电制。为了减少高压三相绝缘系统带来的瞬时过电压,设计师在设计中采取了一系列措施,如高压配电板的主开关和马达控制中心的接触器均采用真空型;高压电缆的电压等级大于船上配电系统的电压;高压设备的试验电压为16 千伏,确保了电力系统工作的安全。

该船首次配备了许多高技术设备、装置及设施,确保了船的先进性及安全性。实船使用证明,轮机、电气和通风专业设计选型合理,系统设计是成功的。该船上层建筑各层甲板双列内走道舱壁上下对齐,内外走道上下梯道畅通,既有利于防止振动,又有利于紧急情况下人员的撤离,提高了船的安全性。

该船长期在海上系泊作业,船舶所有人要求防腐蚀设计的使用年限能达到11 年,这与一般海船相差甚远。通过仔细研究计算,尽量提高牺牲阳极块的使用年限,并在连接结构上加以改进,使之能在海上更换,从而满足了船舶所有人的特殊要求。

该船设计建造成功,为开创我国石油工业采用浮式生产储油卸油系统开发海洋石油作出了贡献,同时也为中国船舶及海洋工程设计研究院培养了技术人才。在该船交付使用后的十余年里,该类型船成为中国船舶及海洋工程设计研究院的一大特色产品,形成了产品系列,产品规格覆盖了从5万吨级到30万吨级,为我国造船业建造出口同类型船开辟了道路。

　　1989年5月25日,我国第一艘5.2万吨级软刚臂式FPSO"渤海友谊"号(见图7-12)正式投产,实现了我国FPSO"零"的突破。随后,第二艘姐妹船"渤海长青"号也相继投产,用于"渤中34-1"油田。"渤海友谊"号投产以来,其主要性能、系统以及原油加工生产等方面满足设计要求,各系统运行一切正常。"渤海友谊"号在一次经历持续长达20小时12级大风浪后,不仅船体的稳性和强度经受住了考验,原油加工系统也保持运行正常。充分证明了全船总体的综合技术指标均达到了世界先进水平。"渤海友谊"号的研制成功,开创了我国船舶工业与石油工业技术合作的先例,打开了海上油田开发广泛采用浮式生

图7-12　"渤海友谊"号

产系统的新局面,填补了我国海洋工程领域的空白。也为我国造船工业承包大型海洋工程船赢得了信誉,树立了威望,也为继续拓展此类装备技术,打下了坚实的基础。

2."海洋石油117"号 FPSO

2009 年 3 月,我国完全自主设计、建造的 30 万吨级 FPSO"海洋石油117"号(见图 7-13)在"蓬莱 19-3"油田投入使用。

图 7-13　"海洋石油 117"号

蓬莱 19-3 油田开发项目是康菲石油中国有限公司和中海油的合资项目,是渤海大型油田开发的核心工程。该项目不仅是中国船舶及海洋工程设计研究院"十一五"重点开发设计项目,同时也是中国船舶工业集团公司和上海外高桥造船有限公司进军国际海洋工程领域的战略性产品。

该项目是国内自行设计和建造的第一艘 30 万吨级的外转塔式浮式生产储油船,服务于渤海湾的渤中 11/05(PL19-3)区域当中,距离塘沽 259 千米,距离大连 157 千米。30 万吨级 FPSO 用于油田的油气接收、工艺处理、储存和外输任务。要求设计寿命为至少 20 年,入 DNV 船级。

该项目由中国船舶及海洋工程设计研究院承担前期设计、基本设计和详细设计,上海外高桥造船有限公司建造。2004 年 8 月中国船舶及海洋工程设计研究院设计中标。2005年2月完成基本设计。2005年3月上海外高桥造船有限公司签订承建合同。2007年5月顺利交船,船名"海洋石油117"号。该船随即被拖航到新加坡船厂进行上部模块的安装工作。

该船总长323米,垂线间长313米,型宽63米,型深32.5米,夏季吃水20.0米,结构吃水20.8米,设计吃水20.0米,载重量281 000吨,载油量190万桶(约合318 000立方米),输油能力6 000立方米/小时。

30万吨级超大型FPSO处在多个井口平台之间,是整个渤海二期油田开发的中心设施。30万吨级超大型FPSO采用外转塔系泊系统长期系泊在海上,能抵御渤海海域百年一遇的环境条件。

FPSO上甲板上设计模块平台,布置工艺、惰气、热站、计量、电站、变压器室和控制室等模块。在油田正常生产中,FPSO接受并处理由海底管线输送来的井口平台的原油,处理合格的原油储存在货油舱内。上甲板布置用于穿梭油船串靠或旁靠的系泊设备,在上甲板艉部或艏部布置特殊的卸油系统,将合格的原油输送给穿梭油船,以确保整个油田的连续生产,并通过海底电缆向井口平台供电。

该船还能提供油田生产人员、修井人员及临时作业人员共计140人的居住,生活居住区布置在艉部。生活区的顶部设有一个由钢架组成的直升机平台。上甲板艉部或艏部设置有一定高度的火炬塔。因此,该船的基本特点是:无推进动力、特殊海况、软钢臂型单点系泊系统、20年不进坞检修、特殊的卸油系统(6 000立方米/小时)、受载复杂、系统复杂、安全性要求高等。

该船是迄今为止世界上为数不多的30万吨级FPSO,是一种超大型海洋工程设施,工艺流程的处理量非常大,对应的处理流量也很大,且外输频率也很高。作为海洋工程设施,它有许多特殊功能要求的设备与系统,设计及建造的界面非常复杂,设计难度大,技术含量高。此外由于该船的服务海域为渤海湾海域,将面临枯水期可能发生的浅水触底问题等。

该项目的操作者是美国康菲石油公司,项目设计要求按照国际海洋工程惯例来做,这意味着图纸的设计、图纸的表达方式、标准的选用乃至提交的工作内容不同于普通船舶设计,要以全新的海工设计理念来完成这一任务。在设计中还要控制建造成本,而进度周期又苛刻,所以必须在很短的时间里熟悉国际海洋工程设计要求、相关的国际规范规则及船东对设计的特殊要求。

(1) 确定输油能力。船舶所有人的设计任务书要求外输油流量达到7 500 米^3/小时。由于外输油流量与外输油管系的阻力是成平方关系,外输油流量增加,也意味着外输油泵的压头也相应提高。由于该项目采用的外输油泵形式是深井泵,而深井泵的最大扬程只能达 150 米一液,如果要满足7 500 立方米/小时的外输流量要求,就必须要配置外输油增压泵。配置如此大容量的增压泵,不仅电站的容量需要增加,而且整个外输油系统的设计和控制都变得非常复杂。为此首先对系统设计的合理性及可能性进行了调研和分析论证,就目前国内外 10 万吨及 15 万吨穿梭油船装载系统的能力及装载站软管起重吊的能力做了调查和统计,认为系统这样的配置会造成很大的浪费,实际使用的外输流量是达不到 7 500 立方米/小时,设计院将分析研究结果报告给船舶所有人项目组。经船舶所有人项目组研究后决定,将外输油流量降低到6 000 立方米/小时。这样既节约了成本,又使系统设计更为合理,同时也降低了事故发生的可能性。

(2) 确定加热负荷。合同说明书要求货油泵除了需要保温,还需考虑加热计算。由于蓬莱油田海域的环境温度较低,极端最低温度可达－17.2 摄氏度,如果按照极端工况来计算大舱加热负荷、设计加热器,势必会使锅炉的热负荷及部分舱的甲板加热器容量变得非常大,必须设法使热负荷计算控制在一个合理的范围。首先,根据蓬莱油田海域的常年气象变化情况,确定加热工况下的环境温度,认为通常的台风弃船工况发生在台风季节,该季节通常不会出现极端最低气温,且在实际操作工况中不可能出现所有的舱都是满舱的情况。其次,建议在加热器容量计算时考虑部分舱先行加热,然后对这部分已经加热的货油舱进行保温的同时对另一部分的货油舱进行加热,根据这种工况来计算加热器的负荷和加热器的配置数量,使得热负荷计算控制在一个合理的范围内。

(3) 双燃料锅炉安全设计。该项目由于工艺流程需要三台大容量锅炉,要求用原油和天然气作为锅炉的燃料,而锅炉布置在机舱区域。原油和天然气管道进机舱区域的锅炉舱,在以往的设计中还未碰到过。在设计时,首先把锅炉舱和机舱完全分割成不直接连通的两个区域,锅炉舱的通风要求按照负压设计,并积极与锅炉厂写上关于原油和燃油管道以及锅炉燃烧器处所的安全设计问题。在设计中采取了以下措施:① 原油处理及加压设备和燃气调压设备均布置在危险区,原油和燃气管采用对接焊,并用套管形式隔离;② 燃烧器部位用封闭区间隔离;③ 所有隔离区域设置可燃气体探测和抽风机,且抽风机设置在锅炉舱外,其周围 3 米区域定义为危险区。

(4) 货油舱透气系统设计。船舶所有人要求取消高速透气阀,用压力控制阀及压力/真空释放阀来调节货油舱内的压力,这在中国船舶及海洋工程设计研究院以往的设计中也是没有做过的。为此在系统设计时认真地加以研究,既要满足船舶所有人要求,又要确保系统安全运行,充分注意各种可能出现的情况并加以分析,最终的设计图纸得到了船级社和船舶所有人的认可。

(5) 系统的管系应力分析。合同设计说明书要求该船的主要管系必须要进行水锤计算及管应力计算,根据系统介质及工况分析,最终确定原油装载、驳运、外输以及原油洗舱系统、燃气系统、压载水等系统管系做管应力分析。

这两项计算在以往的设计中也是从未做过,需要有相应的专业软件,管应力计算时还应把由于水锤引起的锤击力包括进去。而水锤计算则需要相应的流体计算软件来进行计算。由于管应力计算主要参数取决于管系及管支架的调整,也必须与综合放样相协调,且管系放样的每一次修改都会导致计算推倒重来,应力分析实际上是贯穿整个生产和制造过程的。为了不影响计算进度,中国船舶及海洋工程设计研究院牵头,上海外高桥造船有限公司负责全面配合北京艾思弗公司进行计算。同时配备了专门的人员对计算软件进行消化吸收,熟悉软件的应用,力求对计算结果能做出定性的分析判断。事实证明处理方式是完全正确的。

(6) 设备与模块设计界面处理。海洋工程的设计界面一直是一个工作量非常大的工作,仅上部模块的界面要求文本就发了 12 版,核对确定每一个接口界面处的参数需要花费大量的人力资源。在设计时,必须根据要求来调整设计,如调整泵的排量和压头,或在局部设置调压阀等。该船的海水提升泵的排量和压头由于上部模块的参数不断变化,经多次修改达到设计要求。

(7) 压力调节阀的振动问题。在建造调试过程中反映比较突出的一个问题是压力调节阀的振动问题,在大流量工况下甚至出现啸叫。究其原因,设计组认为主要是在订货选型的时候,调压阀的选型是有很大影响的。在用调压阀通过流量调节来调速离心泵的运行点时,如果调压阀的出口是排海的,调压阀出口的压力是建立不起来的,当上游的压力升高时,通过调压阀的流量就会很大,这时如果调压阀的流通面积小的话,流速就会很高,甚至形成啸叫,这在以后船厂对压力调节阀的订货时,需加以关注。

"海洋石油 117"号的设计与建造严格按照国际海洋工程标准和操作者的技术要求,其难度和规模当时已超越中国船舶及海洋工程设计研究院以往设计的任何一型 FPSO,是当时我国自行设计建造的吨位最大、造价最高、适用标准最新、技术协调难度最大的 FPSO 项目。

它的成功研制、顺利建造体现了我国造船业先进的设计和建造水平。蓬莱 19-3 油田 FPSO 项目不仅为康菲石油公司和中海油提供了重要的海上工程设施,而且为中国船舶集团有限公司增添了新的海上工程设施的开发与研制能力,促进了国民经济产值的增长,增强了造船行业在国内外造船市场的竞争能力。

该项目经济效益十分可观。此外项目建成后将用于素有"海上大庆"之称的渤海湾油田的海上能源开发,对进一步缓解我国能源供应紧张局面,促进环渤海经济区的经济振兴都具有很大的经济效益。

3."南海奋进"号 FPSO

"南海奋进"号 FPSO 作业于南海的文昌 13-1/13-2 油田,该船于 2002 年 7 月 24 日交付使用。这艘 FPSO 所在水域是世界公认的三大恶劣海域之一,设计要求该船必须保证能在百年一遇的强台风条件下作业。该 FPSO 所采用的内转塔式单点系泊系统,是当今国际上 FPSO 系泊系统的主流形式,目前世界上只有少数国家能够掌握这种技术。

1999 年受中海油委托,中国船舶及海洋工程设计研究院进行了"南海奋进"号 FPSO 方案论证和基本设计工作。1999 年 11 月,召开基本设计审查会,通过了基本设计方案。1999 年底至 2000 年初,应船舶所有人要求编制设备采办文件。2000 年 2 月该院与大连造船厂签订详细设计合同。2001 年初完成设计。

"南海奋进"号 FPSO 总长 262.03 米,垂线间长 250.00 米,型宽 46.00 米,型深 24.60 米,吃水 16.50 米,结构吃水约 17.50 米,载重量约 150 000 吨(结构吃水时),外输油能力 6 000 立方米/小时,日产原油 9 000 立方米/日。

该船是一艘无自航能力的驳船船型,需漂泊于海上工作 20 年,通过内转塔式单点系泊定位系统定位于作业海域。设计时考虑海上气象和水文条件,特别是强台风的影响。文昌 13-1/13-2 油田海区海况恶劣,船首会受到剧烈的拍击,这是别的船舶少有的现象,在设计时综合考虑了这些影响,确保船舶安全。

为克服 FPSO 在漂泊情况下船舶运动对船体的影响,以及恶劣海况下海浪对船首的冲击,设计组在初步设计阶段对总纵强度做了严格的校核,按作业海域和船舶所有人对 FPSO 的作业要求,设定 50 年一遇的海况进行波浪载荷分析,确定 FPSO 各剖面承受的最大波浪弯矩和剪力,加强结构,同时将船首型线做成平滑过渡,减少海浪对船首的冲击。

主尺度的确定需综合考虑载重量的大小,并兼顾油气处理工艺流程及单点系泊形式。首先,按油田日产量,穿梭邮船的装载量和外输作业周期,确定 FPSO 原油储量要求,设计按储量要求确定货油舱容量,其次,按轻载吃水时压载水的容量,FPSO 油气处理工艺流程的特点,布置油处理舱、水处理舱、合格油缓冲舱等工艺油水舱。

总纵强度在满足船体强度要求的前提下合理设计。因结构尺度越大,安全性提高了,材料消耗和重量增大了,一方面增加了造价,另一方面增加了空船重量,减少了载重量。在设计过程中,设计组充分合理地解决了这一矛盾。同时,由于空船重量在设计开始时是一个预估的数值,在其后设计施工过程中难免有所变动,为保证重量不超标,在设计过程中,一旦遇到重量增加情况,就认真分析,找出重量增加的原因,力争将重量控制在允许范围内。特别是对外单位设计施工的模块部分重量变动,及时联系,一有情况马上解决,避免最后阶段出现强度和载重量不能同时满足的尴尬境地。

"南海奋进"号FPSO创新布置燃气轮机和发电机组排气管,解决了排水背压、排气对直升机起降和生活楼的影响、排气管支架强度等矛盾。船上主电站燃气轮机发电机组位于模块甲板上面,按照常规做法,排气管垂直向上,这样排气背压小,有利于燃气轮机发出正常功率,但由于垂直向上布置,排烟口高度距模块甲板有将近10米,它的下风口就是生活楼,生活楼顶上是直升机平台,大量排气将影响居住人员健康和直升机起降,因此必须将排烟口安置在远离直升机起降的区域。设计组打破常规,创新设计将排气管布置成从左舷向下倾的方式,在设计管路时,尽量降低排气背压,既满足了排气管支架在风浪中的强度要求,又避免了对直升机起降的影响。经过实船调试使用,证实可行,为以后FPSO排气管设计开出了一条新路。

"南海奋进"号FPSO(见图7-14)2001年建造完成,2002年7月正式投产,自投产后运行良好,日产原油9 000立方米,创造了很好的经济效益。该FPSO是我国自行设计建造的服务于强台风频繁海域的第一艘转塔式单点系泊FPSO,集中体现了我国造船行业先进的设计和建造水平,为我国造船行业赶超世界先进水平作出了贡献。

除为中海油建造2艘FPSO之外,大连造船新厂还为美国CONOCO公司建造了20万吨FPSO的船体部分。此外,中海油在西江30-1与30-3油田拥有一艘"南海开拓"号FPSO(见图7-15),在南海流花11-1油田拥有一艘"南海胜利"号FPSO(见图7-16),在南海番禺4-2/5-1油田也拥有一艘"海洋石油111"号FPSO(见图7-17)。

图7-14 "南海奋进"号FPSO

图7-15 "南海开拓"号FPSO

图 7-16　"南海胜利"号 FPSO

图 7-17　"海洋石油 111"号 FPSO

4．"海洋石油 118"号 FPSO

"海洋石油 118"号 FPSO(见图 7-18)是由中国船舶及海洋工程设计研究院(MARIC)、海洋石油工程股份有限公司设计,大连船舶重工集团有限公司建造的浮式生产储卸油装置,采用内转塔单点系泊系统,可抵御 500 年一遇台风环境,创国内 FPSO 设计之最。

图 7-18 "海洋石油 118"号 FPSO

该 FPSO 作为恩平油田群油气开发生产的核心设施,作业于南海珠江口盆地恩平凹陷。根据恩平油田的日产量、穿梭油船吨位、卸油周期和缓冲天数等因素确定 FPSO 载重量为 15 万吨,其设计水深为 90 米、设计寿命 30 年、定员100 人,采用单甲板双层底双舷侧结构,设 5 对货油舱、1 对污油水舱、1 对工艺水舱、1 个燃料油(原油)舱和 6 对专用压载水舱,艏尖舱后设置内转塔系泊系统。货油泵和专用压载泵均采用浸没式深井泵,全船不设泵舱,增加了舱容。该 FPSO 原油日处理能力最高可达 5.6 万桶(约 8 900 立方米)。该院结合类似船型数据,并考虑该船特殊性(如 500 年一遇的环境条件、双层底型式、上部模块预留重量等)进行船型主尺度初步规划和优化设计,满足船体排水量、舱容、总布置和性能要求。

"海洋石油 118"号的主电站燃料采用原油和柴油双燃料,原油燃料舱位于船中,燃料油通过负压闪蒸方式,去除油中轻成分,闪点提高至 60 摄氏度以上,以满足主电站燃料油安全使用。FPSO 惰气系统操作时有两种模式:烟气模式和系统自带一台燃用柴油的惰气发生器,烟气条件合格时,优先采用烟气模式,在锅炉总烟气量不足或含氧量超标时才采用柴油模式,实现节能减排。其左右舷相邻货油舱设连通阀和管路,实现货油泵的互为备用,货油舱内设置扫舱管系。深井泵液压动力单元位于艉部液压间内,能满足 6 台货油泵、1 台专用压载泵、1 台污油泵、1 台工艺水泵和 1 台燃油泵同时满负荷运行。货油舱采用甲板加热器加热,工艺流程舱采用盘管加热。

"海洋石油 118"号采用可解脱的内转塔单点系泊系统,系泊系统的设计寿命 30 年。由以下部分组成:海底锚、系泊缆、立管、系泊系统浮筒、系泊系统船上设备(液压站、消防设备和电气设备等)、滑环系统和系泊系统模块。

"海洋石油 118"号总投资达 27 亿元,其使用钢材总量达 3.5 万吨,共采办 353 台(套)大、中型设备,国产化率接近 80%。该艘 FPSO 首次采用双底、双舷侧结构。该船相关设计创新,首次在南海推出 FPSO 的双壳型船体构造(双层底、双舷侧),增加了船体安全性,有利于总纵强度,并且便于洗舱、扫舱和货油舱保温,增强了 FPSO 抗御恶劣海况的能力;首次满足 500 年一遇的生存环境条件要求,增大了设计波浪弯矩,提高了构件对局部强度的要求,并对生产工艺流程模块支墩、克令吊、火炬塔和单点转塔等的结构加强提出了更高的要求,创国内 FPSO 设计之最;该 FPSO 的设计疲劳寿命由之前的20 年提高到了 30 年,使得船体的抗疲劳和耐腐蚀能力得到了增强,延长了FPSO 的服役年限。

由于"海洋石油 118"号 FPSO 的污油舱及工艺流程水舱位于船舯,满足MARPOL[①] 12A 双壳保护的要求,有效地减少了船体的静水弯矩与剪力和工

---

① 一般指国际防止船舶造成污染公约。

艺流程的管路长度,而且船体的剖面模数减小约 8%,中剖面面积减小约 5%,钢材重量节省了约 615 吨。采用浸没式深井泵,取消了泵舱,增加了舱容。该 FPSO 的压载舱涂装获得了法国 BV 船级社的入级认证,是在 FPSO 类的海洋工程产品中,首例应用原仅适用于营运船舶的压载舱涂层标准。

"海洋石油 118"号的设计过程中,研发团队通过总结 10 多型 FPSO 的设计经验,优化总布置和与工艺流程相关的液舱布局,提高了用户作业效率。作为油田生产的关键装备,该 FPSO 在 2014 年 9 月赶赴我国南海的恩平油田,为推进海洋油气开发再立新功(见图 7-18)。

5."海洋石油 119"号 FPSO

"海洋石油 119"号 FPSO(见图 7-19)由我国自主设计、建造和集成的最大 FPSO。该 FPSO 研发建造历时 22 个月,于 2020 年 5 月 15 日在青岛海油工程交付并启航开赴南海流花油田开展作业。"海洋石油 119"号是中海油首座自营开发的深水 FPSO 项目,船舶所有人是中海油深圳分公司,由海洋石油

图 7-19 "海洋石油 119"号 FPSO

工程股份有限公司负责项目设计、采购、建造和安装总包，青岛北海船舶重工有限责任公司（以下简称"北船集团"）负责船体部分的设计、采办和建造工作，船体基本设计、详细设计由中国船舶及海洋工程设计研究院承担，是该院为中海油设计的第 12 艘 FPSO。

该 FPSO 船体建造工程于 2018 年 6 月在北船集团开工，2019 年 9 月顺利交付。"海洋石油 119"号总长 256 米，宽 48.9 米，满载排水量 19.5 万吨，甲板面积相当于 2 个标准足球场，甲板上集成了 14 个油气生产功能模块和 1 个能够容纳 150 名工作人员的生活楼。"海洋石油 119"号能够抵抗百年一遇的台风。FPSO 设计寿命 30 年，15 年不进坞，船体为双壳构造，货油系统采用潜没泵，入 BV 和 CCS 级。交付后将服役南海流花 16-2/20-2 油田群，作业水深可达 420 米，是目前中海油国内油田适应水深最大的 FPSO。

"海洋石油 119"号施工难度很高，创造多项国内单点之最。该船上部模块拥有国内最复杂的海上油气处理工艺流程，肩负着三个油田 26 座水下采油树全过程控制的使命。每天可以处理原油 2.1 万立方米，天然气 54 万立方米，相当于一座占地 30 万平方米的陆地油气处理厂的生产能力，是当之无愧的"海上超级工厂"。它能够长期系泊于海况恶劣的南海深水区域，依靠的是一套具有世界先进水平的最大型内转塔单点系泊系统，这是我国首次建造集成的世界上技术最复杂、集成度高的单点系泊系统之一，在世界范围内仅有 4 例应用，施工难度很高（见图 7-20）。

"海洋石油 119"号单点系泊系统总重 2 800 多吨，通过 9 条长约 1 740 米的锚链固定到海底，悬挂 19 条水下油田生产和控制管缆，其工作量是国内其他类型单点系泊系统的 3~4 倍；重量约 1 100 吨的单点下塔体使用大型浮吊吊装到"海洋石油 119"号 18.5 米直径的船体月池中，中心精度控制在 3 毫米以内；在直径不足 2 米的滑环腔体空间内安装有 45 个连接管、238 根电缆以及上千个零部件；该系统同时创造了结构最复杂、滑环数最多、吊装精度最高等多项国内单点系泊系统之最。

图 7-20 单点系泊设备建造

根据流花油田的特点,"海洋石油119"号还装备了首套国内自主设计建造的浮式轻烃回收系统,通过回收利用原油开采的伴生气,不仅有效地减少了气体排放,每年还可产生效益近亿元。

在该项目施工过程中,研发团队对关键技术和管理难点进行攻关,先后突破130毫米超大厚板焊接、大型复杂单点毫米级高精度控制、超高精密滑环集成等10多项关键技术,完成30多项工艺创新,提前40天完成单点系泊系统集成工作,刷新了国际同类单点系泊设备最快集成纪录。

"海洋石油119"号的建成标志着我国大型深水FPSO高端制造技术和综合能力取得新的突破,形成了从自主研发、设计、建造、安装、检验到生产营运和相关技术服务的完整产业链,进一步完善了我国具有自主知识产权的深水油气开发工程建设技术体系。

随着"海洋石油119"号入列,中海油将拥有17艘FPSO,在规模与总吨位上均居世界前列,成为保障国家能源安全和海洋强国战略的关键力量。中海油董事长表示,中海油将南海定位为今后油气勘探开发的主战场,正全力推进油气增储上的"七年行动计划",通过继续发力高端海洋工程建设,提升 FPSO 技术创新和管理创新等举措,进一步强化深海油气资源开发核心技术能力建设,为推动我国海洋石油工业高质量发展和保障国家能源安全作出重要贡献。

另外,我国还有一些建造、修复 FPSO 的业绩。山海关船厂是国内第一家承接 FPSO 改装工程的船厂。1998 年,山海关船厂按照美国船级社规范和美国石油协会标准,成功地将巴西国家石油公司的两艘 28 万吨超级油船改装成集采油、储油、加工、卸油为一体的单点系泊式 FPSO(P33、P35)。整个工程包括 24 000 吨钢结构、4 600 吨管道安装、70 万米电缆敷设、70 万平方米大舱及船体涂装(其中舱室特殊涂装 40 万平方米)、全部生活区内舾装和 2 300 台设备安装,整个工程耗用了分别来自英、美、法、日、韩、德及以色列等国家和地区的 500 多万件材料。目前,P33、P35 在巴西玛利姆油田上,运行状态良好,单船日生产能力为开采处理原油 50 万桶,压缩天然气 200 万立方米,处理输出天然气 150 万立方米,使用期限 20 年,船舶所有人对整个工程十分满意。

2002 年上半年,上海外高桥造船有限公司将由于触礁造成重大损伤的"南海奋进"号修复,从而首次涉足于 FPSO 市场。此外,2002 年 1 月 18 日,上海外高桥造船有限公司与中海油签订了建造一艘 15 万吨 FPSO 的合同。该船原油年处理能力为 450 万吨,配备了 7 500 千瓦的发电机 5 台,船体局部结构上进行了抗强台风和抗恶劣海况的特殊处理,能承受百年一遇的风暴。该船是世界上第二艘采用内转塔单点永久系泊 FPSO,这表明中国的 FPSO 设计与建造水平又迈上了一个新台阶。

第六节　我国圆筒型 FPSO 发展

传统的船型 FPSO 主要是通过使用单点系泊系统将储油船系泊于一点,利用风标效应来降低环境因素对储油船产生的动力载荷,以规避这些环境载荷给船体结构带来的破坏力,使之在恶劣的海况下仍然能正常作业。但是,这种细长型船型的 FPSO 也有缺点:

(1) 单点系泊系统价格昂贵,而且需要经常维修保养,存在潜在的损坏而造成停工的风险。

(2) 船型的 FPSO,其结构对波浪作用的动态响应较大,尤其是波浪引起的横摇和升沉运动较为严重。这直接影响了船上设备与仪器的正常工作,也影响船上作业人员的舒适性。

(3) 尽管风标效应使储油船所受的环境总载荷大大降低,但在船体迎浪或随浪情况下,细长船体的中拱弯矩和中垂弯矩很大,长期的波浪交变载荷容易使船体遭受疲劳破坏。

(4) 船型的 FPSO,其结构的特点决定了甲板单位面积的载荷受限,这与在远离海岸的深海作业浮式采油装置所希望实现的大甲板面载荷要求不符。

针对上述 FPSO 的不足,海洋工程科研机构提出了各种各样的基于 FPSO 概念的延伸与改进方案,如八角型 FPSO、多立柱 FPSO 和圆筒型 FPSO。其中圆筒型 FPSO 方案逐渐成熟并在工程上得以应用。

1. 圆筒型 EPSO 的优缺点

2006 年,挪威 Sevan Marine 公司在全球寻求“深海高稳性圆筒型钻探储油平台”的制造厂商,最终找到当时的南通中远船务。2007 年 3 月,双方在上海签订合同。

经过 32 个月的设计、建造、调试、试航,2009 年 11 月正式向挪威 Sevan Marine 公司“交钥匙”,被命名为“SEVAN DRILLER”号;而南通中远船务在建造过程中把它称为“希望 1”号。“希望 1”号圆筒型海洋钻探储油平台直径 84 米,总高 135 米,钻台高度 44.5 米,空船重量 28 180 吨,设计水深 3 000 米,钻井深度 12 000 米,通过 8 台推进器进行定位,并配置全球最先进的 DP - 3 动力定位系统和系泊系统。可适应英国北海零下 20 摄氏度的恶劣海况。平台甲板可变载荷 15 000 吨,生活区可容纳 150 人居住,居住舱室满足 45 分贝超静音标准。"希望1"号建成后,南通中远船务又续建了"希望2"号、"希望3"号、"希望6"号、"希望7"号和"希望8"号等圆筒型钻探储油平台。

"希望6"号(见图7-21)是南通中远船务工程有限公司为英国 DANA 石油公司设计建造的圆筒型浮式生产储卸油平台,于2017年2月9日完工开航(见图7-22)。该平台是世界上首个圆筒型浮式生产储卸油平台,打破传统船型设计理念,多项关键技术填补了国内空白,同时也是我国首个从设计、采购、建造、调试、运输到海上安装,一站式全过程的总包工程项目。

图7-21   "希望6"号圆筒型 FPSO

"希望6"号圆筒型 FPSO 是我国海洋工程装备制造企业从国外获得的第一个总包一站式交钥匙工程。在技术设计、模块建造和平台调试上首次实现了国内 FPSO 项目的总承包,多项技术创新上填补了国内海工空白,达到了世界先进水平,标志着我国海工装备制造业从海工中端产品设计建造向高端产品设计建造里程碑式的重大跨越。推动了我国海洋工程装备制造技术进步和产业

图 7-22 "希望 6"号下水

化发展,实现了中国制造的 FPSO 在海况复杂、要求严格的英国北海投入使用的零突破,打造了海洋工程装备制造的中国品牌。

"希望 6"号不同于传统船型的 FPSO,由一个圆筒型主船体和生产甲板组成。FPSO 主船体直径为 70 米,型深 32 米,生产甲板高 38 米,设计吃水 22 米,储油能力 40 万桶,采用 12 点分布式系泊系统。生产甲板上主要布置有清管模块、分离模块、压缩模块、注水模块、动力模块、生活区域模块、办公区域模块及功能单元模块等。

总液气处理能力 50 000 桶/天,最大原油处理能力 44 000 桶/天,最大原油存储量为 400 000 桶及 40 百万立方英尺/天的气体处理能力。满足 DNV 规范和英国 IVB 独立第三方验证的要求,参照挪威 NORSOK[①] 标准,可连续在海

---

① 挪威标准组织 Norsk Sokkels Konkuranseposisjon 的缩写。

上服役 20 年。平台自动化控制程度高、安全可靠性强，报警点超过 17 000 个，同时满足压力设备指令（pressure equipment directive，PED）、ATEX 防爆要求、OSCR 安全规范，以及 PUWER/FPEER/LOLER 等规范要求（见表 7-2）。

表 7-2 "希望 6"号 FPSO 设计参数

设　计　参　数	数　值
设计寿命/年	20
环境温度/摄氏度	−7~24
总液量/桶	20 000
生产水处理量/(千桶/日)	49
气体处理能力/万米^3/天	114.4
船上人数/人	70
设计吃水/米	22
发电量/兆瓦	3×13
吊重能力/吨	20

圆筒型 FPSO 设计具有更好的稳定性，较高的甲板载荷能力和更多的存储空间，可以适用于全球绝大多数海域和海况，逐渐为全球海工市场所接受，除圆筒型 FPSO 外，还有圆筒型钻井平台、浮式液化天然气装置（floating liquefied natural gas，FLNG）和生活平台都已逐步走入市场，圆筒型的产品在未来高端平台市场上将极具竞争力。

2. 国内圆筒型 FPSO 的研发

近 30 年来，南海相继勘探发现了数十个小型油田，这些油田由于水深、储量规模小、采出率低、距离已有设施远，常规工程方案开发经济效益差。针对边际油田的有效开发，装备需要小型化。

2015 年 4 月，由中海油研究总院牵头，中国船舶及海洋工程设计研究院参研的工信部课题"圆筒型浮士修井生产储卸油船（floating production storage and offloading，FWPSO）关键技术研究"项目正式启动，针对 FWPSO 的浮体、桩基、海管、水下系统、修井机及隔水管、建造、海上安装等关键技术进行研发，旨在提出集生产、储油、外输等多功能于一体，并增加修井功能的 FWPSO（见图 7-23），使其更适应边际油田的开采，可以有效降低油田作业费用。

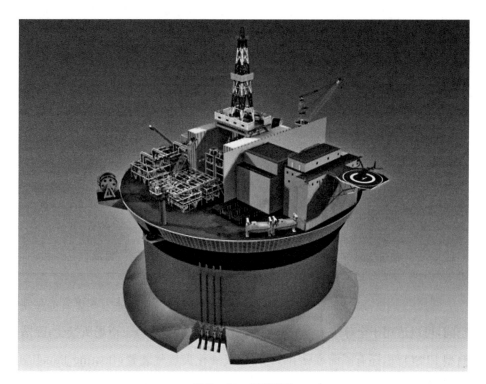

图 7-23　FWPSO

2019 年 11 月，中国石油天然气集团有限公司（以下简称"中国石油"）与中国船舶及海洋工程设计研究院签订协议，针对流花 11-1/4-1 油田开展圆筒型 FPSO 船体联合设计。

流花 11-1/4-1 油田位于中国南海东部珠江口盆地，包括流花 11-1 油田和流花 4-1 油田。流花 11-1 油田位于距香港地区东南约 220 千米，距其西北已开发的流花 4-1 油田约 10 千米，油田范围内平均水深约 305 米，流花 4-1 油田位于距香港地区约 215 千米，海域水深约 260～300 米。流花 11-1/4-1 油田计划联合开发，采用导管架平台回接新建圆筒型 FPSO 的模式。流花 11 - 1 油田所产井流与流花 4 - 1 所产井流在新建导管架预处理平台汇集，进行预处理后通过 10 英寸软管输送到新建 FPSO 处理成合格原油、储存、外输。新建 FPSO 自带电站，通过复合海底电缆向新建导管架预处理平台供电。新建 FPSO 的结构拟选用圆筒型式，开展基本设计工作。

流花 11 - 1/4 - 1 油田二次开发项目所采用的模式为圆筒型 FPSO + 深水导管架的全海式独立开发模式。圆筒型 FPSO 及深水导管架技术的工程化、产业化对于我国海洋石油工业具有重大意义。

与常规船型的 FPSO 相比，圆筒型 FPSO 具有优异的运动性能，并且无须单点系统。可规避单点系统的技术封锁风险，对我国掌握独立自主的 FPSO 设计、建造、安装技术具有重大意义。

深水导管架平台为目前国际上经济性与安全性最优的海上油气田开发平台，继 286 米水深的陆丰 15 - 1DPP 平台导管架设计完成后，流花 11 - 1DPP 将迎来水深 330 米的导管架平台。深水导管架技术在两个项目的成功实施，将树立南海北部陆坡 200～350 米海域油气田典型模式（见图 7 - 24）。

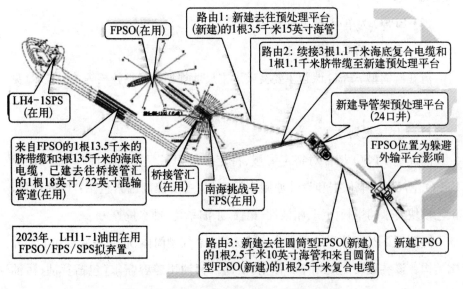

图 7 - 24　新规划 FPSO 在油田中的作用

圆筒型 FPSO 设计遵循下述原则：

（1）圆筒型 FPSO 船体设计满足海洋石油工业普遍采用的国际/国家标准、法规及入级船级社规范的要求。

（2）圆筒型 FPSO 船体设计年限考虑 30 年，台风工况下不解脱。

（3）阻尼板宽度需满足国内大部分船坞的要求。

（4）圆筒型 FPSO 船体及上部模块设计需考虑一体化设计原则。

基本设计中，圆筒型 FPSO 的设计参数：

（1）设计工作水深约 330 米。

（2）设计服务年限 25 年。

（3）自持力 21 天。

（4）定员 100 人。

（5）作业工况为一年一遇台风环境条件。

（6）生存工况为百年一遇台风环境条件。

（7）台风工况下不解脱，满足国际和国内的相关法规、标准和入级船级社规范的要求。

（8）FPSO 为单甲板、双舷侧、双底。

（9）适应系泊系统 3×4 布置。

流花圆筒型 FPSO 课题主要突破了主尺度规划和稳性校核等关键技术（见图 7-25）。

1）主尺度规划

圆筒型 FPSO 是针对特定海域、特定油气田量身定制的，圆筒型和船型 FPSO 主尺度选取依据和设计原则本质相似，主要控制因素包括：原油储量、工艺模块要求的甲板面积、耐波性、稳性、系泊系统、排水量等。

圆筒型 FPSO 外形结构主要包括三部分：柱型筒体、底部阻尼板和上部外飘结构。该装置尺度规划中：首先，根据目标油田舱容需求（包括货油、污油舱、工艺舱和压载舱等），满载排水量需求（包括货油满载、燃油满载、淡水满载、

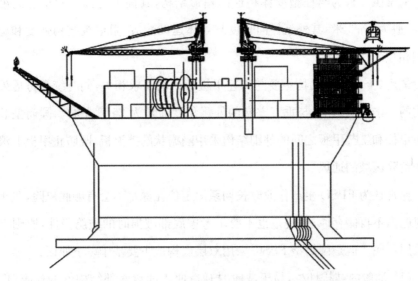

图 7-25 流花圆筒型 FPSO 总布置图

工艺舱部分装载、系泊立管载荷、作业载荷以及必要压载水），初稳性要求和运动固有周期确定筒体直径、型深和吃水。圆筒型 FPSO 的干舷除了满足稳性要求外，更需考虑防止生存海况下的甲板上浪。

通常 FPSO 载重量占排水量 75%，船体钢料占排水量的 13%～16%，压载水容积占排水量的 35%～50%。压载舱的容积和位置主要为确保原油舱空载或部分装载时，FPSO 满足稳性、浮态和耐波性要求。

如果圆筒型 FPSO 设置钻修井附加功能，压载舱和设备系统的能力应满足钻修井系统升沉补偿的要求。圆筒型装置的初稳性由直径、排水量、浮心高度和重心高度决定，通常各工况最小初稳性高为 4～5 米。考虑圆筒型 FPSO 稳性时应兼顾运动固有周期，其中垂荡固有周期通常大于 16 秒，横摇固有周期通常大于 30 秒。综合上述因素，通常圆筒型 FPSO 的直径和型深比为 1∶2左右。

其次，根据圆筒型 FPSO 运动响应目标确定阻尼板尺度，阻尼板是增加圆筒型 FPSO 附连水重量和黏性阻尼的关键装置，可以有效降低其垂荡和横摇运动。通常阻尼板为与柱型筒体相连的箱形结构,其高度与油舱双层底高度一致,一般为 2～3 米,其外延径向长度与浮体运动响应、阻尼板结构强度和建造限制相关。

最后,上部外飘结构主要与工艺甲板面积的需求相关,同时统筹考虑外飘结构的抨击载荷影响,与垂直方向的外飘角度通常为 25 度左右。圆筒型装置的主甲板和工艺甲板之间的外围结构采用隔栅状的挡浪板,既防止甲板上浪又利于危险区域的通风。

通常认为 FPSO 生产作业时长期系泊定位在深水不会有触底风险,浅水拖航时舱内不再储存原油,规范也不要求考虑底部破损时的破舱稳性,原则上可以采用单底。但是圆筒型 FPSO 采用双层底构造主要基于以下原因:

(1) 油舱内结构件少,易于洗舱、扫舱;便于油舱底部结构件的检查;保温效果好;更有利于环保和防止油污染。

(2) 圆筒型 FPSO 分舱结构主要为环形舱壁和径向舱壁,环形舱壁和径向舱壁将货油舱、工艺舱和压载舱进行有效分隔,舱壁间距的设置需主要考虑以下因素:舱容需求;减轻结构重量;破舱稳性;自由液面效应;满足 MARPOL[①] 的防污染要求;液舱晃荡;货舱检修不影响生产作业;设备系统配置的经济性。

(3) 根据圆筒型 FPSO 尺度规划研究,与常规船型 FPSO 尺度外形规划相比,需特别注意的是阻尼板的结构型式,这也是圆筒型装置具有优良运动性能,从而抵御恶劣海况的保障。

2) 稳性校核

选取稳性校核标准是进行分析计算的第一步,也是非常重要的一步。之前 IMO[②] 公约以及各主要船级社法规均无专门针对圆筒型 FPSO 的稳性校核要求。10 多年前,第一艘圆筒型钻井平台开始设计建造,入级挪威船级社。设计

---

① 国际防止船舶造成污染公约,the International Convention for Prevention of Marine Pollution for Ships。

② 国际海事组织,International Maritime Organization。

公司和船级社关于圆筒型平台的稳性标准展开了深入的讨论和研究。由于当时圆筒型平台被定义为半潜式海洋平台，所以挪威船级社选取了 IMO MODU Code 对柱稳式平台的稳性要求作为校核标准。但由于圆筒型平台与柱稳式平台有着明显的不同，对该标准的选取一直存在争议。经过进一步的研究调查，挪威船级社于 2014 年发布的关于海洋平台稳性要求的标准 DNV－OS－C301，明确把圆筒型平台写入了规范。该规范认为圆筒型平台是柱稳式平台和水面式平台的结合体，校核标准倾向于柱稳式的标准，而破损范围的界定则遵循水面式和自升式钻井平台的假定。

圆筒型 FPSO 应满足 MARPOL 公约的要求。对于 MARPOL 破损范围的假定也同样存在着争议。传统的做法是把圆筒的直径作为船长和船宽进行计算的依据，而有的观点认为这种破损假定偏小，应按照相同载重量船型 FPSO 的船长、船宽作为依据，但类似规格船型 FPSO 的主尺度可以有不同的组合，特别是船长是否超过 225 米对破损假定有重要影响，因此这种观点仍缺乏具体实施办法。流花圆筒型 FPSO 仍采用传统方法采用 MARPOL 的要求进行稳性校核。

（1）主船体外形尺寸。主船体上部的外飘角度越大，最大复原力臂和对应的横倾角也越大，稳性也越好，同时也能获得更大的甲板面积。但外飘角度增大的同时，外板所承受的波浪抨击力也变大，对结构强度不利。一般来说，外飘角度最大不宜超过 30 度。圆筒直径增大对提高初稳性高的作用非常明显，同时也增大了液舱储存能力和甲板的布置面积，但船体钢料重量和造价也随之增加。在进行前期设计时，首先根据舱容和布置最低要求初步确定圆筒的直径，再以此为基础校核稳性，并根据结果做适当调整。增加型深会增加干舷，也会有效提高复原力臂曲线。但型深增加会使整个上部模块的重心提高，对装载工况下的稳性不利，因此在确定型深时，需综合权衡其对复原力臂曲线和空船重心的影响。

（2）装载工况。平台作业时需要合理装载以降低重心高度，比如适当使用压载水,尽量将上部模块的甲板载荷布置在较低的位置等。自由液面对稳性影响也很大,装载时要避免较大自由液面的产生,如压载舱在使用时需尽量超过双层底高度。另外,由于货油舱的重心相对较低,当原油密度增大时,整船的重心高度会降低。因此,适当降低原油进舱时的温度,会使原油密度增加,进而改善稳性。

(3) 进水点位置。稳性标准与进水角有关,因此增大进水角也是改善稳性的有效途径之一。对于圆筒型 FPSO,进水点主要是周边压载舱的透气管。因此可以通过增大透气管高度和尽量把透气管布置在靠近中心位置的方法来改善稳性。

(4) 舱室划分与布置。在破舱稳性校核时,破损舱室的大小、位置对结果影响很大。因此在假定的破损范围内,要合理地布置和划分舱室,避免破损舱室舱容过大、形心太靠外侧。特别是对于 MARPOL 公约,假定的破损横向深度很大,水密舱壁的布置就需要避免过多的舱室同时破损,假定破损的舱室在初始工况下可以适当装载液体,这样舱室破损后,舱室内外液面齐平时即达到平衡位置,减小了破损以后的横倾角度。外围的 L 形压载舱也可以考虑在底部进行分隔,既减小了破舱舱容又降低了自由液面的影响。

(5) 风倾力矩。平台在设计时需尽量减小风倾力矩的影响,主要是减少平台的受风面积,如降低上部模块和生活区的层高,在安全允许下采用桁架结构代替板架结构等。平台在作业时也要避免在横向面积较大的方向迎风。

"圆筒型 FWPSO 关键技术研究"项目开发了一型具有钻修井、生产及储输一体化功能的边际油田生产装置。该项目的实施促进了我国海洋油气工业的发展,并带动我国海洋工程相关产业发展,对实现我国船舶工业产品结构调整和转型升级,支撑我国建设海洋强国目标的实现具有十分重要的意义。

第八章
张力腿平台和立柱浮筒式平台

TLP 和 Spar 是两种新型的深水生产平台。

（1）TLP 是一种垂直系泊的顺应式平台，其主要的设计思想是通过平台自身的特殊结构形式和安装方法，产生远大于平台结构自重的浮力，浮力除了抵消自重之外，剩余部分就称为剩余浮力，这部分剩余浮力与张力腿的预张力平衡。预张力作用在 TLP 的垂直张力腿系统上，使张力腿时刻处于受拉的绷紧状态。较大的张力腿预张力使平台平面的运动变小，近似于刚性。TLP 主体包括垂直于水面的立柱以及浸没水中的下浮体。立柱一般为圆柱形结构，是平台波浪力和海流力的主要承受部件。下浮体是三、四或多组箱型结构，浮箱首尾与各立柱相接，形成环状结构。张力腿将平台体和海底固接在一起，使平台运动幅度限制在一个较小的范围，有利于安全作业。此外，TLP 浸水的立柱本体主要是直立浮筒结构，所受波浪、海流力的水平方向分力较垂直方向分力大，因而在平面内的柔性实现平台平面内的运动。TLP 这样的结构形式使得其具有良好的运动性能。

1954 年，美国的 Marsh 率先提出了采用倾斜系泊锁群固定的海洋平台方案，被公认为是 TLP 的鼻祖。之后 30 年是 TLP 的理论研究探索和工程酝酿阶段。直到 1984 年，Conoco 公司在北海 157 米水深的 Hutton 油田安装了世界上第一座 TLP，这标志着 TLP 技术的成熟与工程化，并正式应用于实际生产领域。此后在1989—1994年期间，分别建成了Jolliet平台、Snorre平台和Auger平台；1995年安装了世界上第一座混凝土TLP Heidrun；1998年建成了第一座由一根垂直悬浮的圆柱体结构和三根矩形截面的水平浮筒组成的SeaStars型TLP；1999年建成了Ursa TLP；2001年建成了第一座MOSES平台；2003年又安装了第一座延伸式张力腿平台（extended tension leg platform，ETLP），创造了1 250米水深的新纪录。TLP的家族在短短20年内飞速发展，将人类开发海洋的脚步不断向前推进。

中国目前尚无TLP设计建造使用经验，但是对TLP的设计已开展了大量的研究工作。2015年，工信部、财政部下发"TLP设计、建造、安装关键技术及应用研究"项目的立项批复文件，该项目由中海石油深海开发有限公司牵头承担，中国船舶及海洋工程设计研究院作为参研单位承担了"TLP下浮体结构及主要系统设计研究"的相关工作，为TLP的自主开发和工程化应用奠定技术基础，同时也提升了我国船舶工业在海洋工程装备领域的综合竞争力。

（2）Spar是一种典型的应用于深水的浮式平台，是在柱形浮标和TLP的基础上提出的概念。立柱浮筒式平台集钻井、生产、海上原油处理、石油储藏和装卸等多种功能于一身，并可根据需要设计成井口平台与浮式生产储油船配合使用。与其他类型的平台相比，立柱浮筒式平台通常吃水较深，具有很好的稳性和较好的运动特性。因其重心位于浮心下方而具有恒稳性，在恶劣海洋环境条件下，它的安全性具有较大的优势。由于吃水深、水线面积小，立柱浮筒式平台的升沉运动比半潜式平台小，与TLP相当，在系泊系统和主体浮力控制下，具有良好的运动特性。特别是升沉运动和漂移小，适合于深水系泊定位，对系泊系统和立管的相关技术要求相对较低，成为目前主要的适用深水干式井口作业的浮式平台。

1987年，Edward E. Horton设计了一种专用于深海钻探和采油工作的立柱浮筒式平台，其结构形式特别适合于深水作业环境。Horton设计的这种立柱浮筒式平台被公认为现代立柱浮筒式平台的鼻祖。1996年，世界上第一座传统型立柱浮筒式平台——Neptune平台建成，现共有三座。2001年，世界上第一座桁架式立柱浮筒式平台——Nansen 平台建成，Truss Spar 是建成使用最多、应用最广泛的立柱浮筒式平台。2004 年，世界上唯一一座多立柱型立柱浮筒式平台——Red Hawk 平台建成。因此，到目前为止，立柱浮筒式平台已经发展成三种类型，即传统型、桁架型和多立柱型，共有 21 座。

立柱浮筒式平台目前在国际上属于高度垄断的技术，仅有 Technip 和 J. Ray. McDermott 两家公司能够进行完整的设计、建造、安装，已投入使用的 21 座立柱浮筒式平台都出自这两家公司，其技术壁垒很高，专利费用高昂。我国一些石油公司和科研院所也对立柱浮筒式平台设计建造的关键技术开展了研究，完成了具有自主知识产权的立柱浮筒式平台设计方案，为立柱浮筒式平台在我国海域的应用奠定了基础。

第一节　张力腿平台

1. TLP 的特征及工作原理

TLP（见图 8-1）是一种半顺应式半刚性的平台，解决了传统移动式平台运动性能和定位性能难以满足深水作业需求的问题，广泛应用于深海油气开发领域。它不仅升沉运动较小，而且控制方向的张力对非控制方向的运动具有牵制作用，所以漂移摇摆的幅度也比一般半潜式平台小。TLP 具有波浪中运动性能好、抵抗恶劣环境能力强、造价低、干湿采油树均可布置等优点，已成为海洋工业深水采油平台的主要形式之一。

TLP 适用于水深较深的海域（300～2 000 米）、且油气储量较大的油田。TLP 一般由上部模块、甲板、下浮体、张力钢索及锚系、底基等几部分组成。下浮体可以是 3～6 组沉箱，下设 3～6 组张力钢索，垂直于海底锚定。平台及其下部浮体受海水浮力，使张力腿始终处于张紧状态，故在钻井或采油作业时，几乎没有升沉运动和平移运动，稳定性好。

图 8-1 TLP

TLP 设计最主要的思想是使平台半顺应半刚性。较大的张力腿预张力使平台平面外的运动(横摇、纵摇和升沉)较小,近似于刚性。张力腿将平台和海底固接在一起,为生产提供一个相对平稳安全的工作环境。此外,TLP 本体主要是直立浮筒结构,一般浮筒所受波浪力的水平方向分力较垂直方向分力大,因而通过张力腿在平面内的柔性,实现平台平面内的运动(纵荡、横荡和艏摇),即为顺应式。这样,较大的环境载荷能够通过惯性力来平衡,而不需要通过结构内力来平衡。TLP 这样的结构形式使得结构具有良好的运动性能。

TLP 的张力腿系统在初始位置是直立的,平台的纵荡运动不会引起纵摇,但一般会和平台的垂向运动相耦合,即纵荡引起升沉。在运动过程中没有一个张力腿松弛,它们始终保持等长度平行状态。如果有任意一个张力腿未校准,则会破坏这种理想的平衡性质。因此,在 TLP 的设计中,张力腿锚固位置容许偏差量很重要。同时,设想使用非平行的张力腿,这样的张力腿虽然亦可将平台固定于某一空间位置,但不平行的张力腿必然会在空间相交于一点,这一点将是平台横荡引起艏摇的旋转中心。因此,在 TLP 设计中,张力腿保持平衡也很重要。

TLP 在张力腿张力变化和平台本体浮力变化控制下,平台平面内的运动固有频率低于波浪频率,而平面外的运动固有频率高于波浪频率。一座典型的 TLP,其升沉运动的固有周期为 2～4 秒,而纵横荡运动的固有周期为 100～200 秒;横摇、纵摇运动固有周期均低于 4 秒,而艏摇的运动固有周期则高于 40 秒。整个结构的频率跨越在海浪的一阶频率谱两端,从而避免了结构和海浪能量集中的频率发生共振,使平台结构受力合理,动力性能良好。迄今为止,TLP 有着良好的安全记录,这与结构设计上的成功是密不可分的。

2. TLP 的类型

2018 年统计世界上在役的 TLP 共有 28 座,另有 1 座待安装,1 座在建。这些 TLP 的基本工作原理一致,但是结构形式以及应用方式却各不相同,为了清楚地区分它们,从以下三个方面对 TLP 进行分类。

1) 按照总体结构分类

从 1984 年至今的 30 余年时间里,对 TLP 结构形式的优化一直是人们关注的热点问题。为了进一步降低 TLP 的成本,提高其适应性、稳定性和安全性,全世界的研究机构和石油公司不断提出新形式的 TLP,并将其投入实际生产领域进行检验,从而形成了多种多样的 TLP 平台。根据 TLP 结构形式进化的阶段,大致可将它们分为两个大类,即第一代 TLP 和第二代 TLP。

第一代 TLP 是最早出现的 TLP,称为传统类型的 CTLP。也是投产最多的 TLP。

自 1984 年以来,CTLP 在生产实践中不断发展,其理论研究和工程应用已经趋于成熟。20 世纪 80 年代,Hutton 和 Jolliet 平台的生产应用,为传统 TLP

提供了丰富的数据积累和优良的工作记录。进入 20 世纪 90 年代以来,传统类型的 TLP 继续飞速发展,Snorre CTLP 和 Heidrun TLP 分别于 1992 年和 1995 年相继建成,使北海的 TLP 数量达 3 座。从 1994 年到 2001 年,Shell 石油公司又在墨西哥湾连续制造了 5 座传统类型的 TLP,分别是 Auger TLP、Mars TLP、Ram/Powell TLP、Ursa TLP 和 Brutus TLP。1999 年,BP 也建成了该公司的第一座 TLP Marlin TLP。2003 年,Chevron 公司在印度尼西亚的加里曼丹岛以东海域建成了 West Seno A TLP,从而首次将 TLP 引入到亚洲海域。这些 TLP 保持着 TLP 工作性能的多项世界纪录,其中,Heidrun TLP 的排水量达到 290 310 吨,是世界现役的 TLP 中吨位最大的一座;Snorre CTLP 日产石油 190 000 桶、天然气 3.2×10^6 立方米,保持 TLP 生产能力的世界纪录;2016 年 Big Foot TLP 工作水深达到了 1 600 米,成为工作水深最深的 TLP。

通过第一代 TLP 的生产实践,进一步证明了 TLP 在深海域半刚性半柔性的优良运动性能和经济性,但是同时亦发现传统的 TLP 结构形式仍存在着一定的不足。

(1) 在水深超过 1 200 米的极深水域,随着张力腿长度的增加,出现了张力腿自重过大的问题,并且由于张力腿在深水中的受力情况发生改变,因此影响了平台的定位性能。

(2) 在降低造价、改善受力情况和运动性能方面,传统类型 TLP 的本体结构仍需进一步改进。

(3) 差频载荷是一个缓慢变化的力,它将和同样缓慢变化的 TLP 平面内的运动发生共振。另外,风的激振力也在这个差频范围内,必然会加剧这种慢漂运动。

(4) 波浪的高频分量和高频水动力会引起 TLP 平面外的共振,TLP 结构这两个问题随着水深的增加而加剧,对结构的安全性有很大的影响。

(5) 传统的 TLP 是通过海底基础固定入位的,随着水深的增加,海底基础的设计、施工变得十分复杂。

　　传统类型的 TLP 结构在经济、安全和动力特性方面,均不能很好地适应更深的水域。各国学者对 TLP 结构形式的不断改进完善非常重视,因此,混合式 TLP 及悬式 TLP 等新型的 TLP 便应运而生。

　　第二代 TLP 出现于 20 世纪 90 年代初期,它是在第一代 TLP 的基础上发展起来的。第二代 TLP 在继承传统类型 TLP 优良运动性能和良好经济效益的同时,对结构形式进行了优化改进,使 TLP 更适合于深海环境,并且降低了建造成本。世界海洋工程界积极发展第二代 TLP,各大公司纷纷提出了种类繁多的平台设计方案。总的来说,目前投入生产实践的第二代 TLP 共分为三大系列,分别是由 Atlantia 公司设计的 SeaStar 系列 TLP、由 MODEC 公司设计的 Moses 系列 TLP 以及由 ABB 公司设计的 ETLP。

　　另外,除了以上这些已投入实际生产应用的 TLP 以外,在过去的几十年里,海洋工程界的科研人员还提出了不少很有价值的设计方案,并且围绕这些方案进行了广泛而深入的研究和试验。虽然由于种种原因,这些平台设计方案至今仍未进入生产领域,但是了解它们,对于开拓人们的思路,更好地进行下一步的研究是大有裨益的。

　　2) 按照采油树位置不同分类

　　按照采油树安装位置的不同,TLP 可以划分为湿树平台和干树平台两大类。

　　湿树平台的采油树位于海底,平台上安装有独立的生产处理设施以支持一定数量的海底油井。海底油井通过柔性输油管和钢制悬链线立管与平台上生产设施相连,平台上的全部生产活动都要通过这些管线来进行。其优点是采油树位于海底,减少了平台上体的负载,不需要建造体积庞大的平台主体,因而降低了平台的总体造价。由于不安装垂直的张紧式立管,不需要考虑平台吃水变化对生产立管的影响,从而简化了平台的设计。湿树平台非常适用于分布面广、出油点分散的油田。它以柔性输油管和钢制悬链线立管组成分布广泛的海底管线系统,再以湿树平台作为管汇中心,便可以控制较广的区域。另外,湿树平台的生产储备能力具有很大的弹性,新增的设备和海底油井容易加装到现有的生产系统中,对油田的远期开发比较方便。

干树平台的采油树则位于平台之上,由垂直生产立管直接连接到位于平台井口甲板的采油树上。TLP 优良的运动性能,使其在安装干树系统方面具有很大的优势。因为平台与生产立管之间的相对运动量较小,因此可以采用结构简单、造价低廉的立管张紧装置。干树平台的生产活动主要通过顶张紧立管来进行。其优点是海底油井和表面干树直接通过生产立管垂直连接,可在平台上体安装钻塔,使 TLP 自行实现钻井、完井功能,避免了远期油田开发中需要调用其他钻井设施而使平台生产中断的问题。另外,由于采油树位于平台之上,因此维修方便,易于管理,还省去了将海底采油树回接到平台上体的硬件费用。

需要指出的是,现有的 TLP 大多是所处海域的中心平台,有的 TLP 除了在平台上体安装有干树系统,能够自行进行探采和控井工作之外,同时还通过柔性输油管和钢制悬链线立管与附近油田的海底采油系统或其他卫星平台相连,作为其石油处理和输出的中心。在此情况下,这些 TLP 自身就结合了干树和湿树两种系统。因此,在对各 TLP 进行分类时所依据的标准是看该平台是否拥有支持干树系统的能力。

3) 按照功能和应用方式分类

目前 TLP 的功能和应用方式非常灵活,如果以此为标准进行分类,可将 TLP 划分为大载荷 TLP、迷你型 TLP、井口 TLP 三大类。

大载荷 TLP 是这三种 TLP 中历史最悠久的一种类型,它是一种体积巨大、造价昂贵的 TLP 形式,能够支持一套高生产能力的原油处理设施。目前全世界共有 9 座大载荷 TLP,其中 3 座位于北海油田,6 座位于墨西哥湾。因为张力腿的预张力很好地限制了平台的垂荡运动,因此控井设施可以安装在这种平台的上体,以便于设备的维护和修理工作。在历史上,这种生产系统之所以得到业界的青睐,主要原因就在于它能够安装干树采油系统。但是,由于其高昂的造价和对极深水环境的不适应性,人们现在已经逐渐失去了对建造大载荷 TLP 的兴趣。当工作水深超过 1 200 米时,张力筋腱自重过大是大载荷 TLP 最主要的问题。

迷你型 TLP(见图 8-2)并不是一种简单缩小化的传统类型 TLP,它通过对平台上体、立柱以及张力腿系统进行结构上的改进,从而达到优化各项参数,以更小吨位获得更大有效载荷的目标。迷你型 TLP 相对于同等规模的传统类型 TLP,具有体积小、造价低、灵活性好、受环境载荷小等优点,非常适合于开发中小油田。而且与大载荷 TLP 不同,迷你型 TLP 能够在极深水环境中稳定地工作,这也是它之所以能够逐渐取代大载荷 TLP,占据当今 TLP 建造主流的最重要的原因。

图 8-2   迷你型 TLP

井口张力腿平台(tension leg wellhead platform,TLWP)是一种经济型的 TLP。与前两种 TLP 不同,井口张力腿不能独立进行生产工作,在它的平台上体只安装控井设施,而其他的石油生产和处理设施都安装在一艘位于平台附近的辅助生产设施上,如 FPSO 等。TLP 与 FPSO 之间通过管线相接,共同形成一套完整的海上油田开发系统。这种组合充分发挥了 TLP 本体与生产立管系统之间相对运动量小、运动性能优良的优点,加之 FPSO 运动灵活、装载量大、造价相对较低的长处,因此由 TLP 承担钻探和井口操作的各项功能,而原油处理、储藏和运输等工作由 FPSO 完成。这一系统经过实践检验,已被证明是一种有效且经济的海上油气开发方式,十分适合在没有或是缺少海底管线系统和永久性基地,且需要进行钻探、完井和油井维护工作的油田区域使用。

　　3. TLP 的设计

　　TLP 是利用绷紧状态的张力腿产生的拉力与平台的剩余浮力相平衡的钻井平台或生产平台。TLP 采用锚固定位的,但与一般的半潜式平台不同,其所用张力元件绷紧成直线,不是悬垂线,链缆等元件下端与水底不是相切的,而是几乎垂直的。用的是桩锚(即打入水底的桩为锚)或重力式锚(重块)等,不是一般容易起放的抓锚。TLP 的重量小于浮力,差额由张力元件向下的拉力来平衡,而且此拉力应大于由波浪产生的力,使张力腿上经常有向下的拉力,起着绷紧平台的作用。作用于张力腿式钻井平台上的各种力并不是固定不变。在重力方面,会因载荷与压载水的改变而变化;浮力方面,会因波浪峰谷的变化而增减;扰动力方面,因风浪的扰动会在垂向与水平方向产生周期变化。因此,张力腿的设计,必须周密考虑不同的载荷与海况。一般 TLP 的重心高、浮心低,非锚固情况时要求初稳性高为正值,为此要求稳心半径大或水线面的惯性矩大,这样在平台发生严重事故时,仍能正浮于水面。要达到此目的,就要把立柱设计得较粗,这样必然会使平台在波浪中的运动响应较大。也有一种把立柱设计得很细,虽然初稳性高可能出现负值,但在张力腿拉力的作用下也是稳定的。这种平台在波浪中的运动响应较小,造价也可能低些,不过安全性较差。

4. TLP 的发展

TLP 的发展具有多样化的特点,该平台的进步并不是盲目地追求大水深、大吨位,而是紧密结合实际的需要,致力于发展在不同水深、不同油田规模情况下最合适的平台类型。目前,TLP 已经形成了一套从深水到超深水、从中小油田到大型油田的完整的平台体系,并且仍在不断地采用最新技术,朝着降低平台造价、提高平台承载效率、增强平台适应性的方向继续飞速发展。

最早的 TLP 出现于 20 世纪 80 年代,由 Conoco 公司于 1984 年在英国北海 Hutton 油田 157 米水深处建成投产,取得了良好的经济效益。进入 90 年代以来,传统型 TLP 继续飞速发展,各大石油公司相继研发投产了十多座传统型TLP,应用于北海、墨西哥湾和印度尼西亚的加里曼丹岛以东海域。第二代 TLP 于 20 世纪 90 年代初期,在第一代 TLP 的基础上发展起来。各大公司纷纷提出了种类繁多的平台设计方案,对结构形式进行了优化改进,使 TLP 更适合于深海环境,并且降低了建造成本。目前,投入生产实践的第二代 TLP 共分为三大系列,分别是由 Atlantia 公司设计的 Seastar 系列 TLP、由 MODEC 公司设计的 Moses 系列 TLP 以及由 ABB 公司设计的延伸式 TLP。目前,TLP应用的最大水深为 1 600 米,是位于墨西哥湾的 Big Foot TLP,它同时也是世界上最大的 TLP。

TLP 的工程服务供应商主要来自欧美发达国家,这些供应商拥有较完备的设计理论与分析方法,有丰富的 TLP 建造安装经验,长期向海洋石油领域提供服务和咨询工作。

通过对已建的 TLP 的设计研究、投入生产以及后期的试验监测,全世界研究者们已掌握了大量有关 TLP 的工作性能和核心技术资料,特别是围绕Hutton TLP 的设计、安装、投产等方面的研究更是取得了突破性的进展。这些研究成果具有重要的学术和工程价值,是后续研究的基础。

总的来说,TLP 的研究内容一般集中在以下几个方面:

(1) 结构优化设计。

(2) 结构动力分析。

(3) 结构的施工与安装方法。

(4) 整体平台的系统管理(包括结构的现场监测)。

其中,平台结构的动力分析研究是整个 TLP 设计的核心部分,它决定了最终结构的设计方案,以及结构的构造和施工、安装的方法。

5. 我国 TLP 的研发

我国对于 TLP 的研究起步较晚,在研究、设计及制造领域与国际先进水平存在较大差距。目前,我国尚无 TLP 设计建造使用经验,但是国内已有相当一部分学者对其展开了各方面的研究工作。

海洋石油工程股份有限公司成立了国家 863 计划"典型深水平台概念设计研究"课题组,提出了一套评估 TLP 总体强度的分析方法。

2015 年工信部、财政部下发"TLP 设计、建造、安装关键技术及应用研究"项目的立项批复文件,由中海油深海开发有限公司牵头,中海油深圳分公司、海洋石油工程股份有限公司、中国船舶及海洋工程设计研究院、哈尔滨工程大学、国家海洋局第一海洋研究所参研,总投资 9 600 万元,瞄准我国海洋石油开发现实需求,满足恶劣海洋环境条件,开展 500 米水深 TLP 总体设计技术、建造技术、安装及调试关键技术研究,完成了 500 米水深 TLP 的自主开发和工程化应用。

(1) 500 米水深 TLP 基本设计技术研究包括设计环境条件及总体方案、平台工艺流程设计、运动性能数值预报及模型试验、平台主体结构设计和分析、立管系统与立管张紧设备设计关键技术、张力筋腱系统设计关键技术、TLP 锚固基础设计分析技术、系统集成及集成控制设计研究。

(2) 500 米水深 TLP 建造技术及关键设备安装调试技术研究包括关键建造工艺、关键设备安装调试技术研究。

该项目的研究为 TLP 在我国深水海域的应用奠定了基础。

第二节　立柱浮筒式平台

1. 立柱浮筒式平台的特征

传统立柱浮筒式平台的主体是一个大直径、大吃水的具有规则外形的柱状浮式结构。在主体的外壳上装有 2～3 列侧板结构,沿整个主体的长度方向呈螺旋状布置。螺旋形侧板能够对经过平台圆柱形主体的水流起到分流作用,从而可以减少对平台有害的涡激运动。

立柱浮筒式平台(见图 8-3)的主体结构水线以下部分为密封空心体,以提供浮力,称为浮力舱,舱底部一般装压载水或用以储油(柱内可储油也成为立柱浮筒式平台的显著优点),中部由锚链呈悬链线状系泊于海底。主体中有四种形式的舱:第一种是硬舱,即主体结构水线以下部分的密封空心体。第二种是储存舱,位于壳体的中部;第三种是平衡/稳定舱,位于壳体底部,当平台已经系泊并准备开始生产时,转化为固定压载舱,主要用来降低重心高度;第四种是压载舱,用于吃水控制。

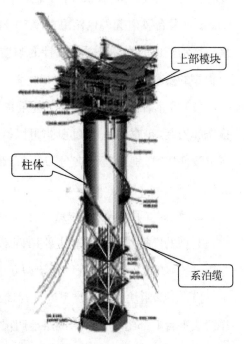

图 8-3　立柱浮筒式平台

立柱浮筒式平台是一种深吃水平台,具有良好的稳性和运动特性。因其重心位于浮心下方而具有恒稳性,在恶劣海洋环境条件下,它的安全性具有无可比拟的优势。

由于吃水深、水线面积小,立柱浮筒式平台的升沉运动比半潜式平台小,与TLP相当,在系泊系统和主体浮力控制下,具有良好的运动特性,特别是垂荡运动和水平漂移运动小,适合于深水系泊定位,对系泊系统和立管的相关技术要求相对较低,成为目前主要适用于深水干式井口作业的浮式平台。

与其他浮式结构相比,立柱浮筒式平台具有以下两大优势:

(1)特别适宜于深水作业。立柱浮筒式平台在深水环境中运动稳定、安全性良好。在立柱浮筒式平台投入正式生产的十几年间,6座在役平台经历了各种恶劣海况,从未发生过重大的安全事故。例如,1998年9月,世界上第一座立柱浮筒式平台 Neptune Spar 就经历了两次台风的考验,其中最大的一次Georges 号台风引起的巨浪高达9.75米,稳定风速为78节。结果在台风中对平台运动响应的实际记录比预计的响应还要稍小些,整个平台安然无恙,表现出很好的安全性。

(2)灵活性好。由于采用了缆索系泊系统进行定位,立柱浮筒式平台便于拖航和安装,在原油田开发完后,可以拆除系泊系统,直接转移到下一个作业海域继续使用,特别适宜于在分布面广、出油点较为分散的海域进行石油探采工作。

2.立柱浮筒式平台的组成

典型的立柱浮筒式平台主要由四部分组成:上部组块、主体、系泊系统和立管系统,如图8-4所示(以桁架型立柱浮筒式平台为例)。

(1)上部组块。三种类型立柱浮筒式平台的上部组块布置基本类似,立柱浮筒式平台上部组块通常由两层至四层矩形甲板桁架结构组成,依据平台的功能定位配备有钻修井模块、柴油发电机组、吊机、油气处理装置、生活楼和直升机平台甲板等设施,可以进行钻井、修井、油气处理等组合作业。依据平台功能定位可以将上部组块分为钻(修)井甲板、中间甲板、生产甲板和底层甲板,钻(修)井甲板钻台面布置绞车、转盘等钻井设备、司钻房;中间甲板布置生活区、公用设施等,提供钻井井架、直升机甲板支撑;生产甲板布置油气处理装置、生产设备、操作间、控制间等;底层甲板布置柴油发电机组、井口和井口装置等,并提供与下部主体的连接支撑。

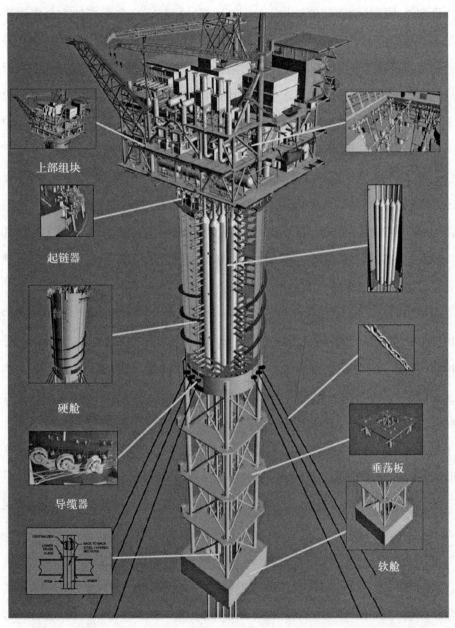

上部组块

起链器

硬舱

导缆器

垂荡板

软舱

图 8-4　典型的 Spar 平台结构

（2）主体。传统立柱浮筒式平台的主体是一个大直径、大吃水的具有规则外形的浮式柱状结构。硬舱位于主体的上部，是整个平台系统的主要浮力来源。硬舱为多层多舱结构，每一层都由水密甲板分隔，而每一层又由从中央井的拐角处径向防水壁伸出四个隔舱，以提高主体的抗沉性。用于储藏柴油、原油、甲醇、饮用水等的容器通常建在平台硬舱的顶部。位于水线处的舱层还包含有附加的双层防水壁结构以降低平台由于船舶碰撞破损后的灌水体积。中间部分是储存舱，用以储存平台生产的油气。在平台建造时，主体底部为平衡/稳定舱，当平台拖航就位后准备开始生产时，这些舱则转化为固定压载舱，主要用来降低重心高度。底部舱层通常作为可变压载舱，用于吃水控制，其他舱层作为固定浮舱。另外，在主体的外壳上还装有2～3列侧板结构，沿整个主体的长度方向呈螺旋状布置。螺旋形侧板能够对经过平台圆柱形主体的水流起到分流作用，从而减少平台的涡激振动。

桁架式立柱浮筒式平台的主体部分由硬舱、桁架和软舱组成，以桁架结构代替传统立柱浮筒式平台柱体的中部结构，作为硬舱与软舱之间的刚性连接。桁架结构有效地降低了平台主体在竖直平面上的投影面积，从而降低平台的水平外力载荷，减小在水平方向上的运动响应。桁架上设置的垂荡板增加了平台在垂荡运动时的附加重量和阻尼，降低了平台垂荡运动的固有频率，从而减少了与波浪频率发生共振的可能性；平台主体在桁架以下的部分为软舱，位于平台的最底部。在安装阶段，软舱为平台主体在水中漂浮提供浮力。平台竖立后，固定压载将存放于软舱，可以降低平台重心，使得平台重心低于浮心从而保证平台的无条件稳性。

多立柱型立柱浮筒式平台的主体由一束圆柱体在它们空隙间的水平和垂直结构单元连接而成。其上部硬舱由多个外圆柱围绕一个中心圆柱组成，上部圆柱提供整体所需浮力。下部由外圆柱中的三个延伸到底部的圆柱腿构成。压载舱在这些圆柱腿的底部，以确保平台具有足够的稳定性。垂荡板装在圆柱腿上，提供较大的垂荡附加重量和附加阻尼，适合刚性立管。同其他立柱浮筒式平台一样,由于浮心高于重心,多立柱型Spar同样非常稳定。

立柱浮筒式平台一般采用干式井口作业,其硬舱内部设置有"中央井",形成了一个四周封闭的空间,供顶部张紧式立管(top tensioned riser,TTR)穿过。因此中央井的尺寸将受制于TTR立管的数量及布置方式,而它又将影响立柱浮筒式平台的硬舱尺寸。

(3)系泊系统。立柱浮筒式平台的系泊系统对平台起到限制位移的作用。为了减小系泊系统在海底的覆盖面积,目前深水立柱浮筒式平台的系泊索大多采用链-缆-链的张紧悬链线形式。每根系泊索由三部分组成,最上面的部分称为船体链段,中间段为螺旋钢缆或合成缆(尼龙缆或聚酯纤维缆),下部与海底链段相连。海底基础有桩基础和吸力锚基础两种形式。系泊系统可以预先安装好,在主体就位后进行连接。导缆器安装在主体重心附近的外壳上,每组系泊缆通过导缆器与张紧器连接,通过调整张紧器来改变系泊缆的张力。锚链的长度和锚泊系统提供的张力应保证钢缆或尼龙缆在正常作业海况下不与海底相接触。

系泊锚链可以对称或不对称地分布在主体的周围。在已建成的立柱浮筒式平台中,桁架型立柱浮筒式平台的系泊索一般采用的是分组式布置方式,而多立柱浮筒式平台仅有一座Red Hawk,其系泊索呈散布式布置。选择系泊索布置型式时需要对目标海域的环境条件、立管布置型式、平台主体型式进行综合考虑(见图8-5)。

(4)立管系统。立柱浮筒式平台的立管系统向上与平台上体的生产设备相连,向下则深入海底,可实现采油(气)、注水、外输等功能。立管系统根据设计需要可以在顶部TTR和钢制悬链线立管间进行选择。钢悬链线立管悬挂在甲板外侧,而顶部张紧式立管位于立柱浮筒式平台的中央井中,通过浮力罐或者张紧器提供立管张力支持(见图8-6)。顶部张紧式立管系统根据平台的作业能力、油(气)田的开发方案可以确定立管系统的性质(钻井隔水管、生产立管)、立管的数量、立管的尺寸以及立管的布置方案。

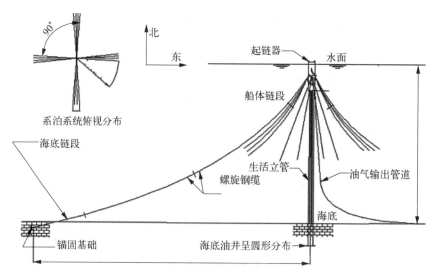

图8-5 Spar平台系泊索型式示意图

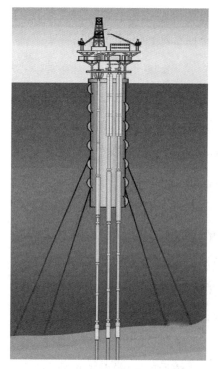

图8-6 Spar平台顶部张紧式
立管示意图

由于立柱浮筒式平台的升沉运动很小,因此它可以支持顶部张紧式立管和干式采油树。平台正常生产工况下由于每个立管通过自带的浮力罐提供张力支持,因此立管的轴向载荷与主体运动解耦,同时使得平台对水深也不是很敏感。立柱浮筒式平台底部接头的设计,使得立柱式与立管之间可以有相对运动。浮力罐从接近水表面一直延伸到水下一定深度。在一些情况下,浮力罐超出硬舱底部。在中心井内部,由弹簧导向承座提供这些浮力罐的横向支持。柔性海底管线(包括柔性输出立管)可以附着在立柱浮筒式平台的硬舱和软舱的外部,也可以通过导向管拉进桁架内部,继而进入到硬舱的中心井中。

3. Spar 平台设计

Spar 平台设计主要围绕其关键技术进行。Spar 平台的关键技术问题主要包括：波浪荷载及平台运动响应、垂荡/纵摇运动不稳定性及控制技术、涡激运动及控制技术以及系泊系统/立管系统的作用与影响等。

（1）波浪荷载及平台运动响应。立柱浮筒式平台的运动周期长，墨西哥湾典型的立柱浮筒式平台固有周期约为：纵荡 160 秒、纵摇 60 秒、升沉 28 秒。因此，对一阶波浪荷载的响应较小。其较大的纵荡运动主要是二阶波浪载荷和涌浪引起的长周期慢漂运动，最大二阶慢漂运动幅度为水深的 6％～10％。

（2）升沉/纵摇运动不稳定性及控制技术。立柱浮筒式平台的升沉运动和纵摇运动是强烈的耦合运动，当纵摇固有频率等于升沉固有频率两倍时，极易发生耦合的不稳定运动，被称为不稳定区。在不稳定区，即使在小波浪条件下，纵摇运动也是不稳定。研究表明，加装螺旋板和防垂荡板可以使不稳定区减小，虽然螺旋板和防垂荡板不能改变升沉和纵摇周期，但能够通过增大阻尼而使纵摇运动稳定、防止升沉共振。因此，由于增大的黏性阻尼，桁架型立柱浮筒式平台的运动稳定性优于传统型立柱浮筒式平台。

在长周期波浪荷载作用下，传统型 Spar 平台可能产生升沉共振，壳体形状的变化可以有效地改变升沉峰值响应周期，从而远离波浪卓越周期，而且，黏性阻尼也可以进一步抑制升沉共振。

（3）涡激运动及控制技术。立柱浮筒式平台是直立漂浮在水中的圆柱体，系泊系统提供其纵荡和横荡恢复力，因此，在海流的作用下，平台将发生涡激运动。由于立柱浮筒式平台的吃水深，流经壳体的流是非均匀的。立柱浮筒式平台的涡激运动是一个复杂的非线性问题，对其研究以及对控制方法的研究也是立柱浮筒式平台研究的热点问题。

（4）系泊系统/立管系统的作用与影响。系泊系统提供立柱浮筒式平台水平方向的恢复力，随着水深的增加，系泊系统由悬链线锚链发展为半张紧式和张紧式系泊缆。立柱浮筒式平台的立管系统也随水深的不同而有张紧式立管和钢悬链线立管等不同立管系统。张紧式立管位于立柱浮筒式平台的中央井中,而钢悬链线立管悬挂在甲板外侧。因此,对平台的运动具有不同程度的影响。其影响也具有复杂的非线性,也是立柱浮筒式平台研究的关键问题。

此外,立柱浮筒式平台设计时还需考虑具体结构与布置的问题。

(1) 顶部甲板模块重量控制及设备布置。顶部甲板模块重量减小相应地会减少主体底部压载量,进而减少平台总排水量和系泊载荷,从而减小主体尺寸、系泊索尺寸,并降低平台造价,因此在进行顶部模块设计时应尽量减小顶部模块的重量。甲板上设备的布置要满足安全和工艺流程的前提下,尽量布置紧密,以减小甲板尺寸、平台重量,降低造价。

(2) 主体尺寸确定及舱室划分。以桁架立柱浮筒式平台为例,主体尺寸包括圆柱体直径、硬舱、中段、软舱的高度、防垂荡板层数及间距等。主体尺寸确定及舱室划分主要考虑以下因素:① 提供足够的浮力;② 具备足够的稳性,即 GM 值;③ 防垂荡板的层数和间距保证平台具有较好的升沉性能;④ 具备足够的恢复力;⑤ 具有足够的干舷,减少波浪对甲板的抨击作用;⑥ 软舱的高度保证平台在扶正过程中具有足够的恢复力矩;⑦ 具有良好的抗沉性;⑧ 中央井面积。

(3) 立管形式的选择及布置。立柱浮筒式平台立管系统设计中的主要问题是中央井内立管的布置形式及其之间的间距,中央井的尺寸由立管的数目决定,立管一般采用 3×3、4×4,或 5×5 的布置形式,立管之间的间隙随工作水深(h)的增大而变大,经统计,一般规律为:$h < 600$ 米时,间隙为 10 英寸;600 米 $< h < 1\,200$ 米时,间隙为 12 英寸;$1\,200$ 米 $\leqslant h < 1\,800$ 米时,间隙为 14 英寸。

(4) 系泊材料的选择及布置。系泊系统设计中涉及材料的选择和布置两个问题。Spar 平台缆索主要有钢丝绳和聚酯纤维两种。相比较而言,聚酯纤维具有减轻系泊系统重量、提高有效载荷、降低平台造价的优点,但是其成本较高,只有在水深超过 1 500 米才具有价格优势。立柱浮筒式平台系泊索主要采用集束式布置,一般有 2×3、3×3、4×4 的形式,其中 3×3 形式由于其材料最省、120 度的夹角定位具有很大的空间,可设置多根立管,得到广泛应用。此外也可根据平台实际的作业环境条件,在某些方向上增加或减少系泊索的数目。

4. 立柱浮筒式平台发展

立柱浮筒式平台属于顺应式平台的范畴,被广泛应用于人类开发深海的事业中。20 世纪 70 年代,Royal Dutch Shell 公司在北海建造了一座 Brent Spar 平台,用作石油的储藏和装卸中心。不过,早期建造的 Spar 平台结构与当前深海油气开发使用的立柱浮筒式平台相比还是有区别的。

1987 年,E. E. Horton 在柱形浮标和 TLP 概念的基础上提出一种用于深水的生产平台,即立柱浮筒式平台,并于 1996 年应用于墨西哥湾的 Neptune 油田(水深 588 米),标志着立柱浮筒式平台开始正式应用于海上油气生产领域。

传统立柱浮筒式平台的主体是一个大直径、大吃水的具有规则外形的浮式柱状结构,通过半张紧的钢悬索系泊系统来定位。系泊索包括海底桩锚、锚链和钢缆组成。锚所承受的上拔载荷由桩锚或负压法安装的吸力锚来承担。导缆孔通常位于硬舱的下部。系泊结构不仅与载荷大小有关,还与水深有关。在设计立柱浮筒式平台的系泊系统时,通常使其在一根系泊索断开的情况下可以抵御百年一遇恶劣海况。系泊系统可以预先安装好,在壳体就位后进行连接。立柱浮筒式平台的立管系统主要由生产立管、钻探立管、输出立管以及输送管线等部分组成。由于 Spar 平台升沉运动很小,因此它可以支持顶端张紧立管和干式采油树。由于每个立管通过自带的浮力罐提供张力支持,因此立管的轴向载荷与壳体运动解耦,同时使得平台对水深也不是很敏感。立柱浮筒式平台底部接头的设计,使得立柱浮筒式平台与立管之间可以有相对运动。浮力罐从接近水表面一直延伸到水下一定深度。在一些情况下,浮力罐超出硬舱底部。在中心井内部,由弹簧导向承座提供这些浮罐的横向支持。柔性海底管线(包括柔性输出立管)可以附着在立柱浮筒式平台的硬舱和软舱的外部,也可以通过导向管拉进桁架内部,继而进入到硬舱的中心井中。

桁架式立柱浮筒式平台的概念是 Deep Oil Technology 公司和 Spar International 公司从 1996 年起经过大量的工作,历时 5 年后提出的,2000 年第一次应用于 Nansen/Boomvang 油田。与传统立柱浮筒式平台相比,桁架式立柱浮筒式平台的最大优势在于其建造时对钢材的用量大大降低,从而能有效地控制建造费用,因此得到广泛的应用。

桁架式立柱浮筒式平台的设计概念是应用桁架结构代替传统立柱浮筒式平台柱体的中部结构。作为连接顶部硬舱和底部软舱的结构,这个桁架部分是一个类似于导管架结构的空间钢架,同传统立柱浮筒式平台的金属圆柱中部结构相比,可以节省 50% 的钢材。桁架式立柱浮筒式平台通常由无内倾立腿、水平撑杆、斜杆和防垂荡板组成。桁架中的管状部件在整个立柱浮筒式平台的使用过程中均产生浮力。垂荡板通常由带支架的刚性金属结构组成,通过水平撑杆支撑,它的设计已成为桁架设计的一部分。通过增加垂直和正交的撑杆来减小垂荡板之间的跨距。防垂荡板的主要作用是增加立柱浮筒式平台垂直运动的附加重量和阻尼,同时也为顶端张紧立管和刚性立管提供侧向支撑。通过将桁架腿柱构件伸长至顶部硬舱壳体结构中,来连接桁架和硬舱。硬舱和桁架结构通常是分开建造的,通过焊接交叉部分的腿柱连接在一起。在作业时,桁架结构、垂荡板和结点均受到立柱浮筒式平台在波浪中运动的连续动力载荷。因此,在结构分析和设计的过程中,必须充分考虑桁架和结点的结构强度和疲劳。综上可知桁架式立柱浮筒式平台特点如下:① 中部结构和软舱部分使用较少的钢材料,造价较为便宜。② 总体吃水减小,使得单个部件的建造和运输变得可行(降低了建造和运输的难度)。③ 通过阻尼板减小了升沉运动,在长周期涌浪中都具有较好的响应。④ 由于中部结构为开放式的撑杆,降低了环流造成的拖曳载荷。⑤ 壳体的涡激运动响应减小了。⑥ 刚性立管可以从开放式的桁架中间穿过而无须穿过硬的壳体。

由于传统立柱浮筒式平台和桁架式立柱浮筒式平台的主体部分都包含大

直径的圆柱体,对建造工艺的要求很高。因此,一种新型的,被称作多柱式立柱浮筒式平台被设计出来。多柱式立柱浮筒式平台的最大优点在于,同现有的立柱浮筒式平台相比,它降低了建造难度,经济性较好。这种新型立柱浮筒式平台的壳体由一束圆柱体组成,称为 Cell,由很多处在它们空隙间的水平的和垂直的结构单元连接起来。多柱式立柱浮筒式平台的上部结构由六个外圆柱围绕一个中心圆柱组成。这些上部圆柱提供整体所需浮力。立柱浮筒式平台的下部通过将外圆柱中的三个延伸到底部(延长的部分称为圆柱腿)来构成。压载舱包含在这些圆柱腿的底部,从而确保平台具有足够的稳性。同大多数已经投入使用的立柱浮筒式平台一样,由于浮心高于重心,多柱式立柱浮筒式平台同样是无条件稳定的。防垂荡板装在圆柱腿上,能提供较大的升沉附加重量和阻尼。因此,多柱式立柱浮筒式平台也是一种升沉较小的平台,适合刚性立管。由于多柱式立柱浮筒式平台不装干式采油树,因此,并不需要中心井,在这种情况下,中心圆柱体提供浮力。在建造过程中,圆柱体由滚压机制成,并通过自动焊接机焊接在一起,同时,内部的环形加强构件也由相同的自动焊接机焊接到圆柱体部件上。而这种工艺在压力舱和固定平台的制造过程中已经使用多年。当需要更大直径的中心井时,可以考虑更多的外圆柱。例如,8 根或者更多。但是,多柱式立柱浮筒式平台中的其他一些结构的设计还有待进一步的解决。例如,由于多柱式 Spar 具有组合外表面,传统立柱浮筒式平台上使用的侧板不能应用于多柱式立柱浮筒式平台。

　　目前 Spar 平台共 21 座平台,除在马来西亚 Kikeh 油田作业的 Kikeh 平台入级 DNV 外,其余立柱浮筒式平台均入级 ABS,这些立柱浮筒式平台也都在墨西哥湾作业,其中 BP 公司的 Holstein 平台是世界上最大的立柱浮筒式平台。壳牌公司(Shell)的 Perdido 平台保持着立柱浮筒式平台的最大作业水深,并因此成为世界上作业水深最深的钻井生产设施。

　　对在役立柱浮筒式平台上部组块的功能和配置参数进行了统计对比,通过对比分析可见:① 多数平台上部组块采用三层甲板结构。② 在 21 座立柱浮筒式平台中有 4 座配备钻井系统,9 座具备修井功能。③ 平台定员与平台的功能定位关系较大,配备钻井系统的平台定员在 110 人以上。

立柱浮筒式平台是深水开发的经济型平台,其优良的运动性能使得干式采油树和刚性立管技术可以应用于立柱浮筒式平台,因此经济性更加突出。从立柱浮筒式平台的发展现状来看,立柱浮筒式平台的发展呈现出如下特点:

(1) 作业水深不断增加。根据统计数据显示,第一座立柱浮筒式平台 Neptune 的作业水深只有 588 米,此后立柱浮筒式平台的应用水深不断增加。到目前为止,Perdido 平台的应用最深达到 2 383 米。随着人类开发深水海洋油气资源的深入,立柱浮筒式平台的作业水深很快会被打破。

(2) 型式多样化。随着立柱浮筒式平台技术的发展,目前各国也正在积极开展适应本国深海油田地理条件和环境条件的新型结构型式的研究。目前已经有两座与 Spar 型式类似的 Min DOC3 平台已经应用到墨西哥湾的油气生产中,未来立柱浮筒式平台的结构型式也将呈现多样化趋势。

(3) 应用地域不断扩大。近年来,雪佛龙、埃克森美孚、壳牌等石油工业巨头都在积极地开展对立柱浮筒式平台技术的研究论证,以期在不久的将来把立柱浮筒式平台应用到英国的设德兰群岛、挪威的北海油田以及西非安哥拉沿海和巴西海域。一些边际油田对立柱浮筒式平台的需求也日益增强。

5. 我国立柱浮筒式平台的研发

我国南海海域蕴藏着丰富的石油天然气资源,其储量之大,被誉为"第二个波斯湾"。然而绝大部分石油天然气资源埋藏于深水区域,这就需要诸如立柱浮筒式平台来满足深水石油开采需求。

目前,中国尚无一座立柱浮筒式平台。中国南海的主要含油气构造位于 500~2 000 米水深的海域,而立柱浮筒式平台适用的水深为 600~3 000 米,适合南海的深水开发。而且,南海的海洋环境恶劣,台风频发,平台的动力稳定性显得尤为重要。立柱浮筒式平台的运动稳定性好,其升沉运动小,可与 TLP 媲美,其二阶慢漂运动远远小于半潜式平台,并且作为移动式平台灵活性好。国外的开发经验表明,半潜式平台和 TLP 均有失稳倾覆的先例,唯有立柱浮筒式平台还没有这样的先例。此外,南海的风浪周期和涌浪周期一般为 4～9 秒,最大为 23 秒左右。典型的立柱浮筒式平台纵荡周期为 160 秒,纵摇周期为 60 秒,与波浪的周期相差较远。南海的风海流和内波流的流速一般为 0.1～0.2 米/秒,广东东部沿岸流速最大,可为 0.25～0.4 米/秒。如果立柱浮筒式平台的有效直径按 30 米计算,则涡泄周期分别为 750 秒和 375 秒,与 Spar 平台的纵荡周期 160 秒相差甚远。因此,只要能够针对南海特殊的海洋环境条件开发出合理的立柱浮筒式平台结构,立柱浮筒式平台就能够在中国南海深水海域的油气资源开发中发挥积极的作用。

我国科研人员一直紧跟国际上立柱浮筒式平台发展的潮流,并为此付出诸多努力。早在 2004 年,国内的有识之士就已开始了 Spar 平台的相关研究工作。科研人员已经系统地对国外立柱浮筒式平台的发展历史及相关平台参数做了细致的调查研究,为我国立柱浮筒式平台的研发创新打下了坚实的基础。2006 年,上海交通大学海洋工程国家重点实验室在单柱式深水平台关键动力特性的理论与实验研究的基础上,结合国外三代立柱浮筒式平台的优缺点和建造难度,提出新概念多柱桁架式立柱浮筒式平台,并对其主体结构进行了设计。

2008 年,国家高技术研究(863)计划中,海洋技术领域列入了"南海深水油气勘探开发关键技术与装备"项目,即"新型深水立柱浮筒式平台、TLP 平台概念设计与关键技术"课题,目前该课题已经结题。该课题提出的新型立柱浮筒式平台概念对国内海洋工程特别是深海海洋工程的发展起到了推动作用。通过对平台载荷预报、水动力分析、稳性分析,得到了立柱浮筒式平台开发设计相关问题的研究方法,取得的成果为之后我国开展立柱浮筒式平台设计、建造奠定了技术基础。

2010 年 10 月由中船重工民船研发中心牵头,中国船舶科学研究中心、中国石油海洋工程有限公司、天津大学和上海交通大学等组成的团队在工信部高技术船舶科研计划"立柱浮筒式平台关键设计技术研究"项目的支持下,在 863 计划"新型深水 Spar 平台、TLP 平台概念设计与关键技术"课题取得的研究成果基础上,针对立柱浮筒式平台,自主投入持续进行深入研究。该项目现已结题,并开发出了四柱式立柱浮筒式平台,掌握了深水立柱浮筒式平台关键设计技术,为我国立柱浮筒式平台工程化奠定了技术基础。

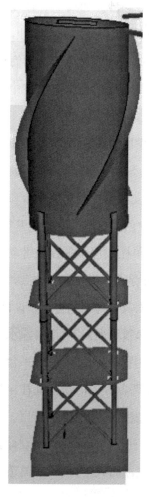

图 8-7 目标立柱浮筒式平台三维外形图

中海油多年来,一直持续投入人力物力跟踪和研发立柱浮筒式平台。以曾恒一院士领衔的研发团队提出了为我国南海油气资源开发和岛礁建设所需的温差能立柱浮筒式平台概念。

由于目前国内尚缺少立柱浮筒式平台的设计、建造经验,因此急需研发一款成本低、作业效率高的新型立柱浮筒式平台。为保证我国能源战略的顺利实施,实现中国成为世界造船强国的战略目标,经国家发展和改革委员会立项,由上海外高桥造船有限公司牵头,中国船舶及海洋工程设计研究院、哈尔滨工程大学和上海船舶工艺研究所等联合参与新型立柱浮筒式平台研发,研制周期为 2015 年 1 月至 2017 年 12 月。课题研究结合立柱浮筒式平台的市场需求和我国南海兼顾墨西哥湾等海域作业的需要,完成了一型拥有自主知识产权的适合于我国南海兼顾墨西哥湾作业海域水深不超过 2 000 米的新型立柱浮筒式平台设计方案,并通过船级社认证;攻克了工程建造、海上运输和安装等关键技术,为承接工程订单奠定技术基础(见图 8-7)。

第九章
展　望

目前,我国在海洋油气开发装备设计和建造方面取得了显著的成就,但随着我国国力的逐渐增强,特别是经济实力的飞速发展,也迫切需要开发新兴资源,以便在以后的国际竞争中立于不败之地。未来,我国海洋油气开发装备主要朝着智能化、绿色环保和深水等方向发展。

一、海洋油气开发装备将向高可靠性、智能化方向发展

我国海洋油气装备制造近年来得到了长足的发展,2011—2016 年,我国海洋油气装备制造行业市场规模在波动中迅速扩展,并在 2017 年上半年占据全球第二的位置。在市场份额上升的同时,我国海洋工程装备制造业通过引进、消化吸收和自主创新,在数字化、信息化、智能化方面取得了一定发展。然而,我国海洋工程装备制造业"大而不强"的问题依旧突出,在世界市场竞争中依然处于产业的中低端,我国海洋油气生产装备制造企业在设计、制造、管理、安装、运维过程的数字化、信息化、网络化和智能化上仍有一定差距。

我国在数字化、信息化、网络化、智能化制造方面,制造技术还处于传统的机械化阶段,各个制造环节信息各自独立,同时缺乏系统的数据采集环境和单元,制造效率和重量需进一步稳定和提高;自动化设备尚未实现集成应用,缺乏海洋油气生产装备的数字化、自动化、智能化制造工艺流程;仍然采用大量人工

和半自动化机械设备,缺乏核心专业智能生产单元、智能生产线及智能车间,与欧美及日韩国家存在较大差距。

在数字化、信息化、网络化、智能化管理方面,集成管理系统环境搭建研究较少,尚未对智能生产单元、智能生产线及智能车间集成管控进行完整研究;现有管理技术亦未支撑协同设计、协同制造、准时供应与协同运维;缺乏面向海洋油气生产装备全生命周期的数字化、信息化、智能化管控体系,在设备、数据及管理手段上均不完善,管理决策依靠人员经验,智能决策支持手段匮乏。全生命周期综合管控能力有待提高,海量数据集成和关联分析能力尚不能满足实际应用需要。

海洋油气生产装备制造是典型的离散型制造模式,其特点体现为:按订单生产模式多品种或小批量或单件生产,产品重量和生产率依赖于工人的技术水平,自动化水平相对较低。因此,数字化是决定未来各竞争主体能源版图的决定性因素之一,而智能制造大概率是海洋油气生产装备行业跳跃式发展的决定性条件。具体体现在实现智能生产、创造智能产品和延伸智能服务等三个方向。

实现智能生产的基础是建立智能化生产线及管控系统。根据中间产品的分类,智能生产线包括甲板片体智能生产线、结构管线智能生产线和海管智能生产线等。智能管控涵盖的范围较广,车间排产、精益派工、重量追溯、虚拟仿真调试、信息采集及反馈等多个方向都可以进行智能化的建设或改造。实现智能生产后,预计生产效率能够提升 20%~30%,产品不良率能够降低 10%。

创造智能产品一方面,要拓展基于产品智能化的增值服务;另一方面,通过搭建智能无人平台,攻克智能化检测与传感技术,形成无人平台撬装设备智能化解决方案和中控嵌入式诊断预维护系统解决方案等一系列智能化解决方案。可大幅减少设备和操作费用。

海上无人平台,是海上无人驻守生产平台的简称,是一项新型海上石油勘探开发的助力设施,其目的是为海上油气资源开发提供一系列兼具成本效益和生产效率的解决方案。在追求控制成本的油气开发时代,海上无人平台的应用可以有效降低海上油气开采成本,大大降低污染排放。更重要的是,它通过采用信号集成和自动控制等技术实现对海上油气田的远程操作,是海上数字化油田和智能油田建设的基础。

"无人驻守平台"指无人居住的平台,在日常生产条件下,平台上无人进行生产操作。特殊条件下,如在检修期间、在应急故障处理期间、当经批准的访问以及定期巡检时,允许登平台的人数应尽可能少。且人员不得在平台上过夜。依此定义,与国外先进国家和地区的海上无人平台相比,国内无人平台在生产、标准、管理、生产时率等方面需要解决远程监控功能、设备可靠性、消防安全、登平台方式等方面的问题。

延伸智能服务,推进生产与服务的集成,实现智能装备和产品远程运维服务平台与产品全生命周期管理系统。基于计算机技术、自动控制技术和大数据处理和分析技术,实现海上油气田全生命周期内的设计、制造、管理、维护保养等方面的智能化运行,从而使海洋油气开发更加安全、环保、经济和可靠等。

二、海洋油气开发装备向绿色环保方向发展

2019 年 6 月 10 日,中海油发布了《绿色发展行动计划》,该行动计划顺应当今全球能源转型升级发展大势,积极响应国家生态文明建设,从绿色油田建设、清洁能源供给和绿色低碳发展三个层面,形成了中国海洋油气开发绿色发展的整体框架和发展思路,助推我国海洋油气工业高质量发展。

《绿色发展行动计划》明确了中国海油近期 2020 年、中期 2035 年和远期 2050 年三个阶段的绿色发展目标,推进实施绿色油田、清洁能源和绿色低碳三方面的具体行动计划。

绿色油田计划,将以坚持"保护优先、绿色开发"的理念,践行"在保护中开发,在开发中保护"的原则,建设资源节约型和环境友好型绿色油田。着重从加

强建立海上油气田开发绿色环保全生命周期管理、建立油气开发和海洋生态环境保护共融共生的长效机制、加强油气开发中副产资源和能源的综合利用能力、努力提高油气生产过程中环境友好水平和控制"三废"排放、逐步提升环境风险分级防控能力等,实现油气田开发的绿色发展。

清洁能源计划,则以坚持"增储上产,稳油增气"的发展原则,通过加大天然气勘探开发力度、非常规天然气开发能力和液化天然气供应保障能力建设,持续提高清洁能源供应;以坚持"质量第一,效益优先"的原则,通过构建大型园区化和集约化的炼油和化工产业基地建设,不断突破清洁生产的技术创新和管理升级,保证优质清洁炼化产品供给;以海上风能和天然气水合物开发为基础,坚持发挥自身产业链的专业优势,持续拓展新型能源和能源供给新业态,挖潜可持续发展的新动能。

绿色低碳计划,以推进全产业链生产过程节能增效、数字化发展和全过程控碳,积极响应全球应对气候变化要求,控制温室气体排放;以持续打造绿色终端、绿色炼厂、绿色化工厂、绿色电厂、绿色液化天然气接收站、绿色炼化产品、绿色装备制造等绿色制造体系,实施绿色低碳转型升级;以积极推进生产过程治污减排工作,严格控制废气、废水和废固的监测和处置,加强节能减排环保产业发展,履行环境保护社会责任,实现可持续发展。

按照中海油《绿色发展行动计划》,绿色、环保、节能、减排等也是海洋油气开发装备发展的方向。海洋石油平台大量耗用钢材,装设大量机电设备,配有功率很大的动力,在节能减排方面大有可为,故而与低碳经济的发展有着密切关系。为了发展低碳经济,在海洋石油平台设计过程中,要树立以下理念:

(1)尽量节约钢材的理念。根据计算,每生产一吨钢将产生 2.5 千克二氧化碳、3.08 千克二氧化硫以及 50 千克粉尘,环境污染环境严重。建造海洋石油平台是用钢大户,如建造一艘 15 万吨级的 FPSO 需要消耗 30 000 吨钢材,其对二氧化碳的排放量是相当惊人的,需开展技术革新降低钢料的用量以贯彻节能减排理念。

（2）应用清洁能源的理念。原油的二氧化碳排放量大约是煤炭的 1/40,而天然气的二氧化碳排放量又是原油的 1/10。因此,设计海洋石油平台时就要树立起应用清洁能源的理念,能用天然气作燃料,就尽量不用或少用油作燃料。清洁能源是相对的,风能源比天然气更清洁。

一方面,在海洋油气开发装备中采用先进装置、设备和工艺,实现海上设施生产污水"零排放"、井喷失控"零记录"、溢油污染"零事故"目标。另一方面,将可再生能源应用于海上石油平台,具有很好的应用前景。海上石油钻井或生产平台的电力系统为整个海洋石油勘探或开采系统提供能源和动力,若采用传统的燃油发电,已不符合绿色节能减排的理念。海洋中蕴含着丰富的可再生资源,国外已有将海上风电输送至周围钻井或生产平台的规划方案。例如：挪威国家石油公司 Hywind Tampen 浮动海上风电项目获得政府批准,预计将于2022 年第三季度投入运营。Hywind Tampen 是首座为海上油气平台供电的浮式海上风电场,离岸 140 千米,位于 Gullfaks 与 Snorre 油田平台之间,将配备 11 台采用挪威国家石油公司 Hywind 漂浮式技术的海上风电机组,总装机容量为 88 兆瓦,将满足 Gullfaks 和 Snorre 区域 5 座海上油气平台约 35% 的电力需求,预计每年能减少二氧化碳排放不少于 20 万吨,约为 10 万辆小轿车全年排放量。

（3）努力节能减排的理念。设计海洋石油平台时,要千方百计地努力节能减排。例如,平台上注气用的压气机若设计时配备上节电器,平台上的吊机若设计时配备上变频器,均可大大降低能耗。此外,设计平台的生活区时,若能采用中央热水系统,可以不间断地吸收空气或自然环境中难以利用的低品位的热能,节能效果明显。对污水废气的回收净化,再加利用,变废为宝。海洋平台上的电、热站,无论是以油或气为燃料,均可考虑设节能环保助燃器,促进燃油（气）充分燃烧,降低尾气排放,消除发电机或锅炉中硫等杂质沉淀,有助于节能减排环保。

三、海洋油气开发装备向深水领域发展

从一般性定义来说,海上油田分为浅海、深海以及超深海三类。一般所指的超深海,是指水深为1 500米以上的海洋。而区别浅海与深海有两套标准,即挪威标准与欧美标准。根据挪威标准,浅海是指水深为300米以内的海洋,深海是指水深从300～1 500米的海洋。而欧美国家的浅海与深海区分标准,则是以水深500米为界,即500米以内为浅海,500米以上为深海。

我国由于深海油气开发启动较晚,国内标准不太统一。一部分业内人士使用挪威标准,另一部分业内人士使用欧美标准。国内媒体报道中则较多采用挪威的深海标准。目前,世界上拥有深水油气开采能力的国家,有美国、英国、法国、意大利、挪威、荷兰、澳大利亚、中国以及俄罗斯、巴西等10多个国家。截至2019年6月,世界上深水钻井的最深纪录是3 174米,而水下油气开采作业的最深作业纪录是2 943米。

由于深海油气开采的环境特点是水深涌急,条件恶劣,加之深海油气开采过程中,若发生事故会对全球生态系统所产生的巨大危害,此外深海油气开采设备与现代海军装备有着"天然"联系,所以深海水下生产系统的全部设备与施工工艺,都是经过作业人员"精雕细刻""千锤百炼"设计与研制出来的。更准确地说,深水油田水下油气生产系统凝聚着世界上各种顶尖技术与工艺。

深水作业的技术难度与航天工程相差无几。从全球大型机械装备的设计、研制与应用方面来看,深水油气田的水下生产系统,或者称水下开采系统,与航空、航天工程一样,可以列为当代人类科技成果的顶峰。如此高精尖,其造价当然也不菲。当前,世界上建造一套深水水下油气开采系统,平均造价约20亿美元。

我国的深水油气田开发工程起步较晚。2004年我国开始着手深海钻井作业的前期工作,不久后就开始建造世界闻名的深水半潜式钻井平台——"海洋石油981"平台。2006年着手深水油气开采作业的前期工作,从2010年开始进行深水油气田的水下生产系统作业项目。

从实际情况看,我国的深海油气田水下生产系统的装备研制与安装还处在起步阶段,更准确地说处于"入门"阶段。自 2016 年初以来,国内较有影响力的媒体多次提到我国深海水下生产系统的装备制造,完成"从无到有"的转变历程,"打破了西方发达国家在这一领域的技术垄断"。实际上这样说还言之过早。当前国内有计划研制深水水下采油树、深水水下管汇等深海水下生产系统装备的厂商不到 10 家,其中少数几家设计标准为水深 300～400 米的海洋使用环境,但没有一家将设计环境设定为水深 500 米以上。然而,在全球石油界对于深海油气田的认定,除了挪威之外,均认为水深超过 500 米才算得上"深水油气田"。在这种条件下生产出的合格设备与世界上多数国家认可的真正意义上的深海设备相比,依然存在较大差距。我国相关厂商有志于研制与生产深海油气开采系统装备,但真正打破西方国家对于深海水下生产系统的垄断,还有很长的路要走。

参考文献

［1］黄维平,白兴兰.深水油气开发装备与技术［M］.上海：上海交通大学出版社,2016.

［2］张太佶.认识海洋开发装备和工程船［M］.北京：国防工业出版社,2015.

［3］廖佳佳,张太佶.怎样寻找海洋石油与天然气宝藏［M］.北京：海洋出版社,2017.

［4］汪张棠."中油海3号"坐底式钻井平台［J］.上海造船,2009(2)：54 - 54.

［5］王国清.世界海洋石油与天然气资源分布特点［J］.地理科学进展,1982,1(3)：58 - 58.

［6］张耀光,刘岩,李春平,等.中国海洋油气资源开发与国家石油安全战略对策［J］.地理研究,2003,22(3)：297 - 304.

［7］须雪豪,陈琳琳,汪企浩.东海陆架盆地中生界地质特征与油气资源潜力浅析［J］.海洋石油,2004,24(3)：1 - 7.

［8］姚伯初,刘振湖.南沙海域沉积盆地及油气资源分布［J］.中国海上油气,2006,18(3)：150 - 160.

［9］白增林,白新建.大型导管架平台的建造与安装［J］.中国修船,2007,20(z1)：63 - 64.

［10］谭越,李新仲,王春升.深水导管架平台技术研究［J］.中国海洋平台,2016,31(1)：17 - 22.

[11] 侯金林,于春洁,沈晓鹏.深水导管架结构设计与安装技术研究——以荔湾3-1气田中心平台导管架为例[J].中国海上油气,2013,25(6):93-97.

[12] 汪张棠,赵建亭.自升式钻井平台在我国海洋油气勘探开发中的应用和发展[J].船舶,2008(10):15.

[13] 汪张棠,赵建亭.我国自升式钻井平台的发展与前景[J].中国海洋平台,2008,23(1):8-13.

[14] 孙景海.自升式钻井平台升降系统研究与设计[D].哈尔滨:哈尔滨工程大学,2010.

[15] 单连政,董本京,刘猛,等.浅议FPSO技术的研究现状与发展趋势[J].中国造船,2009(a11):126-130.

[16] 杨进,曹式敬.深水石油钻井技术现状及发展趋势[J].石油钻采工艺,2008,30(2):10-13.

[17] 刘海霞.深海半潜式钻井平台的发展[J].船舶,2007(3):6-10.

[18] 窦培林,袁洪涛,宋金扬,等.深水半潜式钻井平台DP-3动力定位系统设计和应用[J].海洋工程,2010,28(4):117-121.

[19] 韩凌,杜勤.深水半潜式钻井平台锚泊系统技术概述[J].船海工程,2007,36(3):82-86.

[20] 谢彬,王世圣,冯玮,等.3 000 m水深半潜式钻井平台关键技术综述[J].高科技与产业化,2008,4(12):34-36.

[21] 陈刚,吴晓源.深水半潜式钻井平台的设计和建造研究[J].船舶与海洋工程,2012(1):9-14.

[22] 张帆,杨建民,李润培.Spar平台的发展趋势及其关键技术[J].中国海洋平台,2005,20(2):6-11.

[23] 黄维平,白兴兰,孙传栋,等.国外Spar平台研究现状及中国南海应用前景分析[J].中国海洋大学学报(自然科学版),2008,38(4):675-680.

[24] 顾罡.国外Spar平台研究与发展综述[J].舰船科学技术,2008,30(3):

167-170.

[25] 李志海,徐兴平,王慧丽.海洋平台系泊系统发展[J].石油矿场机械,2010, 39(5):75-78.

[26] 张辉,王慧琴,王宝毅.国外 Spar 平台现状与发展趋势[J].石油工程建设, 2011,37(11):1-7.

[27] 石红珊,柳存根.Spar 平台及其总体设计中的考虑[J].中国海洋平台, 2007,22(2):1-4.

[28] 杨雄文,樊洪海.Spar 平台结构型式及总体性能分析[J].石油矿场机械, 2008,37(5):32-35.

[29] 董艳秋,胡志敏,张翼.张力腿平台及其基础设计[J].海洋工程,2000,18 (4):63-68.

[30] 鲍莹斌,舒志,李润培.中等水深轻型张力腿平台型式研究[J].海洋工程, 2001,19(2):7-12.

[31] 董艳秋,胡志敏,马驰.深水张力腿平台的结构形式[J].中国海洋平台, 2000,15(5):1-5.

[32] 杨春晖,董艳秋.深海张力腿平台发展概况及其趋势[J].中国海洋平台, 1997(6):255-258.

[33] 闫功伟,欧进萍.新型分离式张力腿平台概念设计[J].科学技术与工程, 2012,12(8):1724-1732.

[34] 黄维平,刘建军,赵战华.海上风电基础结构研究现状及发展趋势[J].海洋 工程,2009,27(2):130-134.

[35] 张海亚,郑晨.海上风电安装船的发展趋势研究[J].船舶工程,2016(1): 1-7.

[36] 谭越,刘聪,王春升,等.渤海湾可移动核电平台方案研究[J].海洋工程装 备与技术,2017,4(3):157-161.

[37] 许鑫.浮托安装系统耦合动力响应研究[D].上海:上海交通大学,2014.

[38] 陈宏,李春祥.自升式钻井平台的发展综述[J].中国海洋平台,2007,22(6):1-6.

[39] 任贵永,孟昭瑛.坐底式平台特性及其在浅海开发中的应用[J].中国海洋平台,1994,(3):32-35.

[40] 任贵永,杨明华,李淑琴.胜利一号坐底式钻井平台结构设计[J].中国海洋平台,1989(2):1-5.

[41] 范根发,邴如吉,姜汝诚.胜利二号总体设计[J].中国海洋平台,1989(2):17-20.

[42] 马志良,潘斌,季春群,等.胜利二号主要性能的研究与设计[J].中国海洋平台,1989(2):12-17.

[43] 方锡富.胜利三号建造的几点回顾[J].中国海洋平台,1989(S1):12-14.

[44] 陆坤棣,毛祖雷.浅谈胜利三号的设计管理[J].中国海洋平台,1989(S1):97-98.

[45] 罗树荣.浅论胜利三号建造成功的因素和影响[J].中国海洋平台,1989(S1):9-11.

[46] 汪张棠."中油海3号"坐底式钻井平台[J].上海造船,2009(2):53-54.

[47] 杜庆贵,冯玮,时忠民,等.半潜式生产平台发展现状及应用浅析[J].石油矿场机械,2015,44(10):72-78.

[48] 罗宏志,蒙占彬.国内深水自升式钻井平台发展概况[J].中国海洋平台,2010,25(4):4-7.

[49] 吴家鸣.海上钻井方式的演变与不同类型移动式钻井平台的特点[J].科学技术与工程,2013,13(10):2762-2769.

[50] 姜哲,谢彬,谢文会.新型深水半潜式生产平台发展综述[J].海洋工程,2011,29(3):132-138.

[51] 张春涛.自升式钻井平台的升降系统选型设计[J].船舶工程,2011(33):93-113.

[52] 吴碧珺.超大型自升式钻井平台升降装置的设计与研究[D].上海：上海交通大学,2015.

[53] 李林林.自升式钻井平台起放桩过程动力学行为研究[D].青岛：中国石油大学,2015.

[54] 孙景海.自升式钻井平台升降系统研究与设计[D].哈尔滨：哈尔滨工程大学,2010.

[55] 孟祥伟.自升式钻井平台支撑升降系统结构设计研究[D].哈尔滨：哈尔滨工程大学,2011.

[56] 张鹏飞,于兴军,栾苏.自升式钻井平台的技术现状和发展趋势[J].石油机械,2015,43(3)：55－59.

[57] 孙晓明.自升式钻井平台建造关键技术研究[D].哈尔滨：哈尔滨工程大学,2015.

[58] 陈荣旗.海洋油气生产装备智能制造发展现状及前景展望[J].中国海上油气,2020,32(4)：152－157.

[59] 王懿,段梦兰,焦晓楠.深水油气开发装备发展现状及展望[J].石油机械,2013,41(10)：51－55.

[60] 贾承造,庞雄奇,姜福杰.中国油气资源研究现状与发展方向[J].石油科学通报,2016,1(1)：2－23.

[61] 任贵永,孟昭瑛.坐底式平台特性及其在浅海开发中的应用[J],中国海洋平台,1994,9(3)：120－123.

[62] 张辉,王慧琴,王宝毅.国外 Spar 平台现状和发展趋势[J].石油工程建设,2011,37(增刊)：1－6.

[63] 杨雄文,范洪海.TLP 平台结构型式及其总体性能分析[J].石油机械,2008,36(5)：70－73.

[64] 张保军,于春洁.春晓气田群井口平台结构形式研究[J].中国海上油气(工

程),2003,15(1)：29-31.

[65] 侯金林,于春洁,沈晓鹏.深水导管架结构设计与安装技术研究[J].中国海

　　　上油气,2013,25(6)：93-97.

索　引

后　记

　　建国初期,1950 年我国年造船量才 1 万多吨。当时江海航行的万吨船,没有一艘是中国自己设计和建造的。70 年来,广大科技人员和造船工人在党的领导下,至 2018 年,中国年造船量已达 6 000 多万吨,我们不仅能设计和建造一般船舶,而且能设计和建造被誉为造船"工业皇冠上明珠"的高科技、高附加值船舶,成为世界第一造船大国。

　　2021 年是中国共产党成立 100 周年,为展现新中国船舶的发展历程和取得的辉煌成就,中国船舶及海洋工程设计研究院、上海市船舶与海洋工程学会、江南造船(集团)有限公司、沪东中华造船(集团)有限公司、上海外高桥造船有限公司、上海船舶研究设计院、上海交通大学出版社,携手编撰出版"中国船舶研发史"丛书,向建党 100 周年献礼。本套丛书共 10 本:《中国油船研发史》《中国集装箱船研发史》《中国科考船研发史》《中国挖泥船研发史》《中国液化气船研发史》《中国工程船研发史》《中国散货船研发史》《中国客船研发史》《中国气垫船研发史》《中国海洋油气开发装备研发史》。

　　本套丛书的编写得到中国工程院院士曾恒一及新、老船舶研发设计专家、科技人员的热情支持和积极参与,为本套丛书顺利编写出版奠定了基础。

　　本套丛书取材翔实、资料数据真实可信、极具原创性,这是本套丛书一大特点。70 多位从事船舶及海洋工程研究、设计、建造的专家和科技工作者参与本套丛书的编写,他们是新中国船舶事业发展和取得辉煌成绩的见证奉献者,他们将自己研发的产品写出来，从领受编撰任务起，就酝酿推敲，不辞辛劳，不舍昼夜，把对船舶科学的追求，对祖国的爱练成书香墨宝。每一分册从提纲到初稿、定稿，均经众人讨论、反复修改。集体创作是本套丛书的另一大特点。

此外，本套丛书所写典型产品，既是时代成果，也是我国船舶研发珍贵的历史资料和经验总结，对从事船舶研发设计的青年人具有启发和借鉴作用。

本套丛书编写过程中得到许多单位及领导的关心和支持，中国海洋石油集团有限公司谢彬研究员、中国船舶及海洋工程设计研究院徐寿钦研究员参加了讨论和审稿，在此表示感谢。特别要感谢各位编者辛勤的付出和认真卓越的工作。本套丛书编写中参考了一些书籍和报刊，引用了一些观点和图片，在此表示谢意。由于编者水平有限，特别是历史跨度大和资料收集的难度，有的典型产品可能未能收录。书中涉及船名、人名、地名等，尽量用中文名，有的因为行业内默认英文名则选用英文名。本套丛书存在不当之处，恳请专家、读者予以批评指正。

张　毅